Research on Ecological City Development Based on
the Complexity of Atmospheric Pollution Evolution:
A Case Study of Zhengzhou

基于大气污染演化
复杂性的生态城市
建设研究

以郑州市为例

孙力楠◎著

经济管理出版社
ECONOMY & MANAGEMENT PUBLISHING HOUSE

图书在版编目（CIP）数据

基于大气污染演化复杂性的生态城市建设研究 ：以郑州市为例 / 孙力楠著. -- 北京 ：经济管理出版社，2025. 7. -- ISBN 978-7-5243-0388-6

Ⅰ. X51；TU984. 21

中国国家版本馆 CIP 数据核字第 2025Z0P899 号

组稿编辑：赵亚荣
责任编辑：赵亚荣
一审编辑：张玉珠
责任印制：许　艳
责任校对：蔡晓臻

出版发行：经济管理出版社
　　　　　（北京市海淀区北蜂窝 8 号中雅大厦 A 座 11 层　100038）
网　　址：www. E-mp. com. cn
电　　话：（010）51915602
印　　刷：唐山玺诚印务有限公司
经　　销：新华书店
开　　本：720mm×1000mm/16
印　　张：12. 25
字　　数：186 千字
版　　次：2025 年 8 月第 1 版　　2025 年 8 月第 1 次印刷
书　　号：ISBN 978-7-5243-0388-6
定　　价：78. 00 元

前　言

　　近年来，灰霾天气频发已成为我国环境污染治理的核心挑战。城市大气污染作为灰霾的主要成因，不仅威胁公众健康，更对生态城市建设构成重大阻碍。本书以郑州市为典型案例，聚焦大气污染系统的演化复杂性及空间特性，揭示其内在动力学机制，旨在为生态城市规划与污染治理提供科学依据。大气污染系统是典型的多要素耦合复杂系统，其演化过程受污染源分布、城市下垫面特征及气象条件的非线性交互作用影响，呈现出多尺度、多源头的非线性动力学特征。为解析这一复杂系统，本书综合运用分形理论、复杂网络理论及空间分析方法，从污染物持续性、耦合相关性、空间异质性及网络动力学四个维度展开系统性研究，为生态城市建设的精准调控提供理论支撑。

　　本书主要研究内容与结论如下：

　　（1）基于多重分形的大气污染物持续性及空间异质性研究。采用多重分形消除趋势波动分析方法（MF-DFA），对郑州市 2016 年 12 月重灰霾期间 CO、NO_2、O_3、PM2.5 和 SO_2 的浓度序列进行长期持续性及多重分形特征分析。本书研究发现各污染物浓度序列具有显著长期持续性（Hurst 指数均>0.5），其中PM2.5 和 PM10 的持续性最强，O_3 最弱；多重分形特征主要由长期持续性驱动，尖峰胖尾效应贡献较小；通过 ArcGIS 空间插值分析，揭示污染物持续性存在显著空间差异，工业密集区与交通枢纽的持续性指数高于生态功能区，表明城市功能布局与污染源分布对污染演化具有决定性影响。

（2）污染物耦合相关性及气象驱动的多重分形机制。基于多重分形消除趋势互相关分析（MF-DCCA），量化污染物间及污染物与气象要素的非线性耦合关系。结果表明，PM2.5 和 O_3 分别与 CO、NO_2、PM10 和 SO_2 四种污染物之间存在幂律形式的正互相关性且相关性非常强。本书取 $-20 \leqslant q \leqslant 20$，研究发现 PM2.5—CO、PM2.5—$NO_2$、PM2.5—$O_3$ 和 PM2.5—SO_2 这些污染物之间存在较强的分形特征，重灰霾期间 CO、NO_2、O_3、PM2.5 和 SO_2 与气象要素（风速、湿度和气温）之间的相关性也存在较为明显的多重分形特征，并且所有污染物和气象要素之间都是正相关的。气象要素中，气温对污染物浓度影响最显著，低风速（<1.5m/s）与高湿度（>70%）条件下污染物累积效应加剧；多重分形特征表明污染物与气象条件的相互作用具有尺度依赖性，小尺度波动主要受局地排放驱动，大尺度波动则与区域传输及气候背景相关。

（3）多污染物耦合贡献的空间分异与治理启示。应用耦合消除趋势波动分析方法（CDFA），结合 ArcGIS 空间插值，解析六种污染物对灰霾系统的耦合贡献及其空间分异规律。本书研究发现，灰霾期间各污染物之间的耦合是很复杂的，这种复杂性导致各污染物的演化往往很稳健，不易被破坏，这样可能使得各种灰霾期间的大气污染红色预警方案并不能奏效。如果灰霾期间污染物演化具有高度复杂性，那么有可能即使小的污染源排放带来的扰动，也会导致重度灰霾持续下去，这就是复杂系统特有的稳健性。污染系统的复杂稳健性导致传统"关停限产"措施效果有限，需结合空间分异特征实施分区精准管控，如工业区强化脱硫脱硝、交通区推广新能源车辆。

（4）PM2.5 污染波动网络的动力学特征与生态调控策略。本书提出可适应概率空间粗粒化（APSCG）方法，构建郑州市 PM2.5 污染波动复杂网络，揭示其拓扑特性。利用该方法对 PM2.5 污染指数波动进行符号划分，将 PM2.5 污染波动指数转化为由 5 个特征字符 {R，r，e，d，D} 构成的空气污染符号序列，以符号序列中的 125 种 3 字串组成的污染波动模态为 PM2.5 污染系统网络的节点，按照时间顺序连边构建有向加权的 PM2.5 污染波动网络，该网络的拓扑结构蕴含了波动模态间的相互作用的非线性动力学机制信息，获取污染波动网络的内在规律性，认识空气污染系统的复杂性特征。网络兼具无标度和小世界特性，关键节点介数中心性占比达 24.95%，主导污染波动传播路径；通过识别高介数节点对应的污染波动模式（如"急剧上升—持续高值"），可建立污染预警前兆指标，为生态城市通风廊道设计和监测网络优化提供依据。

（5）研究价值与展望。本书通过分形理论、复杂网络与空间分析的多方法融合，系统揭示了郑州市大气污染演化的复杂性机制，为生态城市建设提供了三方面的实践启示：

第一，空间规划优化。依据污染物持续性及耦合贡献的空间分异，调整工业布局、扩大生态缓冲区。

第二，动态调控策略。基于污染波动网络的关键节点识别，构建"气象—污染"联动预警体系。

第三，跨区域协同治理。针对污染传输路径特征，推动中原城市群联防联控机制。

未来研究将进一步集成多源数据与人工智能技术，发展"复杂性解析—智慧调控—生态评估"一体化框架，助力"碳中和"目标下的可持续城市转型。

目　录

第一章 绪 论

第一节 生态城市建设与大气污染的关联性

一、生态城市建设与大气污染研究背景

20 世纪 30 年代至 70 年代，全球发生了八起典型的环境污染事件，这些事件成为人类全面应对环境污染的重要转折点。其中，五起事件与大气污染直接相关，包括比利时马斯河谷烟雾事件、美国洛杉矶光化学烟雾事件、美国多诺拉烟雾事件、英国伦敦烟雾事件和日本四日市哮喘事件。这些事件不仅造成了大量人员伤亡，还深刻揭示了工业化进程中大气污染对生态环境和人类健康的严重威胁，同时也为生态城市建设提供了重要的历史教训。

比利时马斯河谷烟雾事件（1930 年）：工业废气（主要是 SO_2）和粉尘的排放导致 60 余人死亡，居民出现恶心、呕吐、咳嗽等症状。这一事件表明，工业集中区域的生态承载力有限，工业废气和粉尘的过度排放会超出环境自净能力，对城市生态系统造成毁灭性打击。

美国洛杉矶光化学烟雾事件（1943 年）：汽车尾气排放引发光化学烟雾，导致 400 多人死亡，居民普遍出现眼睛红肿、咽喉发炎等症状。这一事件揭示了交通污染对城市生态系统的深远影响，为现代生态城市交通规划提出了警示。

美国多诺拉烟雾事件（1948 年）：硫酸烟雾污染导致 42% 的居民患病，17 人死亡，主要污染物为 SO_2 和大气烟尘。这一事件表明，工业污染与气象条件的叠加效应会加剧城市生态系统的脆弱性。

英国伦敦烟雾事件（1952 年）：冬季燃煤和工业排放导致 SO_2 和烟尘浓度急剧上升，5 天内 4000 多人死亡，后续两个月又有 8000 多人丧生。这一事件凸显了能源结构对城市生态系统的关键影响，为生态城市的能源转型提供了历史借鉴。

日本四日市哮喘事件（1961 年）：石油工业排放的粉尘、SO_2 和铅导致哮喘病例激增，成为典型的工业污染案例。这一事件表明，工业布局与城市生态系统的协调性至关重要，为生态城市的产业规划提供了重要启示。

上述事件的出现一次次警醒人类，对于自然资源的开发、利用及对物质财富的追求不能为所欲为，否则就会超出大气自身的容忍度而遭受报复，付出高昂的代价甚至大量生命。这些事件不仅推动了全球环境治理的进程，也为生态城市建设提供了重要的历史经验和科学依据。大气污染不仅是环境问题，更是生态城市系统性规划失败的体现。它们揭示了工业化、能源结构、交通模式与城市生态功能的深层矛盾，为当代生态城市建设提供了"不可为"的反面教材。

随着我国社会经济的高速、多元化发展，环境污染问题呈现出结构型、复合型、压缩型等特征，目前较为突出的环境空气复合污染问题主要是以灰霾、酸雨和臭氧污染为特征的区域性污染。在 SO_2 和颗粒物污染问题尚未得到根本解决的同时，工业化和机动车辆导致的污染物 NO_x、VOC_s、黑炭和汞等的排放量居全球前列，PM2.5 和 O_3 污染日趋严重，严重影响城市和地区空气质量。我国大气环境污染日益呈现多污染物、高浓度、多尺度、多来源的复杂特征，致使我国大气污染控制管理决策遇到巨大挑战。尤其是 2013 年 1 月以来，我国中东部地区连续出现的灰霾污染引起了国内外的广泛关注，灰霾污染涉及范围广、污染程度大。2013 年 1 月 12~13 日发生的灰霾污染覆盖了我国整个中东部地区，1 月 29 日的污染区域面积更是超过 100 万 km^2，多个地区的能见度不足 500m。区域性灰霾污染问题发生频率之高、影响范围之大、污染程度之重，在世界范围内都是少见的，严重威胁人民群众的身体健康和生态安全。这期间河南省也经历了大面积灰霾污染，其中郑州市更是连续呈现 PM2.5 的严重污染态势，日均浓度最高达 $494\mu g/m^3$，PM10 日均浓度高达 $936\mu g/m^3$，均超出标准限值 6 倍以上。大气污染形势十分严峻，大气灰霾污染防治已经刻不容缓。

自 2013 年以来河南省的大气污染一直很严重。2017 年，郑州市的大气环境问题呈现出显著的复合型污染态势。在工业污染、机动车排放、建筑活动、生活面源等的共同作用下，郑州市和区域环境大气中细粒子污染不断加重。郑州市环境空气是以煤烟型污染为主的复合型污染，属 SO_2 污染控制区，并且 NO_2 的排放量也在逐渐增多，中心城区普遍受到污染，大气污染在冬季取暖季节更加严重。2016 年底至 2017 年，高浓度的 PM2.5 造成郑州市持续多日的区域性重霾污染天气屡屡发生。造成灰霾天的 PM2.5 可以诱发肺部硬化、哮喘和支气管炎，甚至导致心血管疾病。

广大市民已经对灰霾污染产生了高度重视和警惕，针对灰霾天气如何提出有效的防治措施是当前亟待解决的难题。当前，郑州市还没有全面展开对灰霾的研究，更未深入到 PM2.5。因此，需要对引起城市灰霾的各污染物如 CO、NO_2、O_3、PM10、PM2.5、SO_2 等，特别是细颗粒物 PM2.5 进行基础研究，以摸清污染的基本特征及各因素对城市灰霾的影响。这些研究不仅有助于揭示大气污染的演化规律，还能为生态城市的规划与治理提供科学依据。

二、复杂性研究对城市生态治理的意义

大气污染是生态城市建设面临的核心挑战之一。污染源的分布和排放影响空气污染状况，除此之外还有气象条件、污染物的迁移与转化及下垫面复杂的特征等复杂的影响因素。这些因素都是相关的，在各种时空尺度内产生复杂的非线性相互作用，使得城市大气污染物浓度随时间的演化过程呈现复杂的非线性特征（Li and Tang，1998；刘罡等，2001）。应用适当的非线性数学物理方法来研究城市大气污染物时间演变的一些重要动力学特性，从而深入理解大气污染物时间演变的内在规律和机理，对于今后研究发展更有效的空气质量预测预报方法具有特别重要的现实意义，同时也能为新的环保治理措施的制定提供理论依据。因此，这一基础研究领域自然就成为了目前极具挑战性和创新性的研究课题。

2016 年 12 月 26 日，国家发展和改革委员会发布《促进中部地区崛起"十三五"规划》，明确把郑州市确定为"国家中心城市"。郑州地处中原，也是国家"两横三纵"城市化战略格局中陆桥通道和京广通道的交汇处，是全国重要的综合交通枢纽，对贯通南北中发挥着重要作用。因此，将郑州市作为本书研究的实例具有很强的实际意义。郑州市作为国家中心城市和中原城市群的核心，其大气污染问题具有典型性和代表性。研究郑州市大气污染的演化复杂性，不仅能为本地生态城市建设提供科学支撑，还可为其他类似城市（如西安市、武汉市等）的污染治理和生态规划提供参考。此外，郑州市的研究成果还可为国家大气污染防治政策的制定提供区域实践案例。

人们曾经应用多种非线性分析方法来研究大气污染物的时间演变过程，如人工神经网络系统分析、灰色理论分析等（Mcmillan et al.，2005；Gardner and Dorling，1998；Viotti et al.，2002），但这些方法都没有与系统动力学联系起来，因此不能使人们更深刻地认识大气污染物时间演变的动力学本质。目前有关动力系统复杂性的理论方法主要有复杂网络理论、分形几何学、混沌理论、重整化群理论等（魏诺，2004）。其中，分形分析方法作为处理复杂现象的非线性方法之一，已在许多研究领域得到了应用，如地震、降雨、河流、心率、股票市场等（李后强，1990；董连科，1991；张济忠，2001）。它能使人们以新的视角来处理自然界中许多和时间尺度相关的复杂问题，同时能更深入地反映出研究对象的内在动力学特征。最近国外已有少数学者将分形理论应用于分析大气污染物浓度变化的尺度特征，发现一些大气污染物（如 O_3 等）浓度时间序列具有自相似性、标度不变性、长期持续性、多重分形尺度特征等新颖的性质，同时认为这一研究的深入对进一步认识大气污染物时间演变特征是很重要的（Raga and Le，1996；Lee et al.，2003；Lee et al.，2006），但相关工作在国内尚没有相关报道。本书的研究不仅仅停留在应用分形分析方法研究大气污染物的基本特征，除此之外，更重要的是本书还利用新的理论方法从空间角度和复杂网络角度来研究大气污染物某些复杂的时间演变过程和动力学机制。因此，本书将试图为研究城市大气污染的内部机制提供一条新的途径，这对于探求城市大气污染物随时间的变化规律具有重要意义。

生态城市建设与大气污染治理是相辅相成的关系。通过研究大气污染的演化复杂性，不仅可以揭示污染物的动态规律，还能为生态城市的规划与治理提供科学依据，从而推动城市的可持续发展。本书以郑州市为典型研究区域，通过非线性科学方法（如分形理论、复杂网络分析等），探索大气污染与生态城市建设的关联性。首先，通过分析大气污染的空间分布和演化规律，本书研究能够为城市绿地系统、生态廊道和污染隔离带的设计提供科学依据。例如，基于污染物的空间分形特征，识别高污染风险区域，优化生态基础设施布局，增强城市对污染物的吸附和净化能力。其次，基于污染物耦合演化和复杂网络分析，研究能够识别关键污染源和调控节点，制定精准化、差异化的治理措施。例如，通过复杂网络模型揭示 PM2.5 传输的关键路径和枢纽节点，针对性实施交通限行、工业减排等策略，提升污染治理效率。此外，通过研究污染物的长期持续性和多重分形特征，研究能够预测未来污染趋势，为城市生态系统的适应性管理提供支持。例如，结合气象条件和污染物的长期记忆效应，设计季节性调控方案（如冬季燃煤替代计划），增强城市生态系统的韧性。同时，本书研究还能够推动产业结构调整和能源结构优化，助力郑州市实现低碳、可持续的生态城市目标。例如，基于污染来源解析结果，推动高耗能产业转型升级，推广清洁能源使用，从源头减少污染物排放。最后，通过揭示 PM2.5 等污染物的演化规律，本书的研究能够为制定有效的健康防护措施提供依据，降低污染对居民健康的危害。例如，基于 PM2.5 浓度变化的时空特征，设计健康风险预警系统，为敏感人群（如老年人、儿童）提供针对性的防护建议。郑州市作为国家中心城市和中原城市群的核心，其研究成果不仅能够为本地生态城市建设提供科学支撑，还可为全国乃至全球的生态城市发展提供重要参考，有利于推动我国城市绿色高质量发展。

第二节　生态城市建设中大气污染复杂性理论研究

一、灰霾污染与生态城市建设的国内外研究

20 世纪 60 年代国际学者开始进行有关低能见度与灰霾天气的研究，《美国迎来了清洁空气法》（CAA）颁布及美国 IMPROVE 观测网的建立标志着灰霾天气的研究迎来了高潮（Watson et al., 1984）。

Malm 介绍了 1988 年建立的 IMPROVE 及主要成果（Malm et al., 1994）。IMPROVE 可以观测消光系数和气溶胶细粒子成分谱（PM2.5、离子成分、微量金属元素），并提出了著名的 IMPROVE 公式，该公式可以反演消光系数并定量评价各成分的消光贡献和吸湿增长。根据 IMPROVE 网络提供的数据进行的研究表明，美国大部分地区的消光主要由硫酸盐引起，有机碳和沙尘粒子次之，黑炭最少。只有在加利福尼亚州的南部，硝酸盐是消光的主要因素。此外，早在 1992 年 Pandis 等就提出二次气溶胶生成和传输观点（Pandis et al., 1992）。其后，

有学者提出碳质气溶胶不同混合状态的消光影响观点（Fuller et al., 1999）和气溶胶吸湿增长等观点（Day and Malm, 2001）。

相对湿度、风速、风向和大气混合层高度等气象因素也能降低大气能见度。一般认为，风速和相对湿度是影响能见度的两个主要因素。以首尔为例的相关研究表明，细颗粒物（<2.98μm）的浓度、细颗粒物中硫酸盐和硝酸盐的浓度及相对湿度是诱发灰霾的主要因素。研究认为，由于颗粒物的粒径分布随着湿度变化，从而相对湿度可以改变大气颗粒物的散光系数和消光系数。一般而言，随着相对湿度的增加，大气的水分含量也会随着增加，同时硫酸铵、硝酸铵、氧化钠等水溶性化合物也会随之增加。因此，含有这些化合物的颗粒物粒径也随着湿度增加而加大。当相对湿度超过70%或小于30%时，硫酸盐或硝酸盐等消光能力更大。Senaraine等针对奥克兰2001年灰霾天气与非灰霾天气中大气颗粒的元素分布特征进行研究，鉴别了不同元素的富集因子，并利用因子分析方法讨论了灰霾天气的可能污染源，定量分析了污染源的分担率。Shoote等运用多通道采样仪器检测了主要污染物PM2.5和PM10，结果表明，静风、汽车排放和家庭燃烧是奥克兰冬季形成灰霾的主要原因。苏门答腊岛、加里曼丹岛的灰霾是森林大火的烟尘所致。

国外学者还深入研究了雾、灰霾的气候特征和化学组成（Hachfeld et al., 2000）。Kerr（1995）对灰霾气候制冷机制进行了相关研究；Malm（1992）对美国的灰霾天气进行了定量化的时空演变分析，在此基础上模拟并追踪灰霾物质产生的源头。除此之外，国外学者在气候与灰霾现象的相互影响（Quinn and Bates, 2003）、城市气候和辐射雾的形成等方面都进行了深入的研究（Sachweh and Ko-epke, 1995）。

我国对灰霾的研究起步较晚，相较于国际先进水平，存在至少20年的差距。20世纪80年代，我国学者陆续开展了极富开拓性的大气气溶胶研究，这些工作直接促成了中国颗粒学会气溶胶专业委员会的诞生。早期的研究中，国内学者对雾霾形成机理和雾与霾的区分也做过详细分析（罗金芳，2004；吴兑，2006），并为后续的研究提供参考依据。段菁春等（2006）、张丽娟等（2003）、胡天玉等（2005）、孟燕军等（2001）对霾的组成和能见度低的天气与天气特征进行分析，讨论了雾霾等天气的主要大气背景和大致的演化过程。除此之外，部分学者通过利用遥感等观测方法进行研究，在雾霾的污染过程、组成成分及时空分布特征方面均取得一定的研究成果（徐祥德等，2004；余梓木等，2004）。

2002 年 5 月，第 183 次香山科学会议以"可吸入颗粒物的形成机理和防治对策"为题专门讨论了大气颗粒物污染问题。魏复盛院士以"空气细颗粒 PM2.5 的污染与危害"为题做报告，介绍了细颗粒的特性、细粒子的污染水平，以及对人体健康的危害，并分析了当前的研究工作现状和未来的研究方向。徐旭常院士以"燃烧过程中 PM2.5 的生成及环境影响"的报告指出我国大量的 PM2.5 直接或间接地由燃烧过程产生。唐孝炎院士的"城市大气可吸入粒子的环境行为和影响"报告中着重以颗粒物的"质量—粒径—组分"方面和环境的"城市—区域—全球"角度论述了开展大气污染研究工作的重要性。

2012 年 12 月，中国科学院、中国气象局、科学技术部和外交部等多个单位联合在北京召开了"我国区域大气灰霾形成机制及其气候影响和预报预测研讨会"。会议以我国的"大气灰霾"问题展开了研讨，一些青年学者提出使用"灰霾"以称呼近地层大气的气溶胶污染恶化而引起的能见度降低现象。该会议指出必须尽快建立拥有我国自主产权的灰霾天气及其重要组分的监测、预测和预报系统。

近年来，随着生态城市建设的推进，灰霾污染与生态城市的关系逐渐成为研究热点。生态城市强调资源节约、环境友好和社会经济协调发展，而灰霾污染作为城市环境问题的重要表现，直接影响生态城市的建设成效。国内外学者从多个角度探讨了灰霾污染与生态城市建设的关联性。

生态城市规划与灰霾治理的结合。生态城市的规划强调绿色基础设施的建设，如城市绿地、生态廊道和污染隔离带，这些设施不仅能够改善城市微气候，还能有效降低灰霾污染（张孝德、梁洁，2014）。研究表明，城市绿地能够吸附大气中的颗粒物，减少 PM2.5 浓度，从而改善空气质量。例如，杭州市通过推广绿色建筑和海绵城市建设，显著降低了灰霾污染的发生频率（展二扬、刘平，2023）。

低碳经济与灰霾治理的协同效应。低碳经济是生态城市建设的核心目标之一，而灰霾污染的主要来源之一是化石燃料的燃烧，通过推广清洁能源（如太阳能、风能）和优化能源结构，可以有效减少灰霾污染物的排放（郭朝先，2021）。例如，北京市通过"煤改电"和"煤改气"工程，显著降低了煤炭消费量，改善了空气质量。

智慧城市技术在灰霾治理中的应用。智慧城市技术为灰霾污染的监测和治理提供了新的手段。通过物联网和大数据技术，可以实现对灰霾污染的实时监测和精准预测，为生态城市的污染治理提供科学依据（杨学军、徐振强，2014）。例如，深圳市通过建立智慧环保平台，实现了对 PM2.5 和臭氧污染的精准管控。

国际合作与灰霾治理的经验借鉴。国外在灰霾治理和生态城市建设方面积累了丰富的经验。例如，德国通过工业减排和能源转型，显著改善了空气质量；美国洛杉矶通过严格的汽车尾气排放标准，有效地降低了灰霾污染（朱彤，2016）。这些经验为我国生态城市建设提供了重要参考。

灰霾污染与生态城市建设的研究表明，通过科学的城市规划、低碳经济转型、智慧技术应用和国际合作，可以有效降低灰霾污染，推动生态城市的可持续发展。未来的研究应进一步探索灰霾污染与生态城市建设的协同机制，为绿色高质量发展提供科学支撑。

二、分形理论在环境复杂性研究领域的现状

非线性理论的发展使人们改变了传统的思维方式，它引导人们从新的范式去认识自然界中的诸多复杂现象。社会科学和自然科学各个领域的专家正在尝试用复杂性科学的相关理论与方法来解释人们生活中所遇见的各种复杂行为，让人们更深刻地理解这个世界（段江海，2004）。混沌理论作为复杂性科学研究的主要内容，鉴于其理论与实际意义丰富，被科学家称为科学界的"第三次革命"（陈予恕，1992；刘式达、刘式适，1989）。分形与混沌密切相关，并且混沌的相关特性可以通过分形的无限迭代进行表示。因此，分形学能够恰当地描述复杂系统中的复杂现象（王东生、曹磊，1995）。

"分形"（Fractal）一词具有不规则的、支离破碎的、断裂的等含义。美籍数学家 Mandelbrot 是分形理论的创始人。Mandelbrot 受 Cantor 点集、Sierpinski 地毯等自相似图形的启发，萌发了用分形的思想来描述比较复杂的过程和图形。1973 年，Mandelbrot 受邀在法西兰学院讲学时，第一次提出了分形几何思想。

我们知道，自然界很多事物在属性、时间、功能等方面存在自相似性（整体与局部、局部与局部）。这种自相似性虽然能够用分形描述，但事实上人们到目前为止还没有找到一个精确的定义来描述分形（齐习文，2012）。因此，诸多学者试图从不同的视角来认识分形，并揭示什么是分形。科学家 Falconner 对分形做了一个较为全面的描述：结构十分精细，具有任意小尺度下的比例细节；它既不是符合某些条件下的点的轨迹，也不是一些简单方程的解集，无法用传统的几何语言来形容；在某些属性或者特征上具有自相似性；一般情况下，其拓扑维数一定小于其分形维数；表现形式简单，主要通过迭代表现出其复杂性（朱华、姬翠翠，2011）。

本书将分别利用多重分形消除趋势波动分析法（Multifractal Detrended Fluctuation Analysis，MF-DFA）、多重分形消除趋势互相关分析法（Multifractal Detrended Cross–Correlation Analysis，MF–DCCA）及耦合消除趋势波动分析法（Coupling Detrended Fluctuation Analysis，CDFA）等分形理论方法对灰霾动力系统各污染物进行研究，下面分别就这三种方法及现状做详细介绍。

（一）DFA 和 MF-DFA 方法

我们生活在一个随机过程无处不在的世界中，如心跳动力学、DNA 序列、地震序列和金融时间序列等均为随机过程。虽然随机过程的随机值在不同的时间内可能是独立的随机变量，但在最常见的情况下，它们表现出复杂的统计相关性和分形或多重分形特征。由于系统中存在的趋势，现实世界中的时间序列往往是非平稳的。在大多数情况下，这些趋势的来源是未知的。

为了找到这些系统中内在波动的标度行为，必须分离它们的趋势，如果不这样做，趋势可能导致对长距离相关性和标度指数的错误监测（Ossadnik et al.，1994；Peng et al.，1995；Buldyrev et al.，1995；Barnes and Allan，1996）。系统的趋势可以从系统的基本分析中找到，而且它是一种任何人都可以发现的信息。由于这种每个人都可以拥有的信息并不重要，学者们在过去几十年中引入不同的方法去除它们，并研究了这些过程的性质（Taqqu et al.，2011；Montanari et al.，1999；Lloyd et al.，1966；Muzy et al.，1991）。Peng 等（1994）引入了消除趋势波动分析方法（Detrended Fluctuation Analysis，DFA），来计算不同尺度的数据方差和标度指数。

近几年，DFA 分析方法在各学科领域中得到了广泛发展和应用，是检测非平稳时间序列的长期持续性最重要、最可靠的工具之一（Li et al.，2002；Beben and Orlowski，2001；Ivanova and Ausloos，1999；Telesca and Macchiato，2004；庄新田、黄小原，2003）。从动力学角度来讲，该方法中的变换序列残留有原序列的痕迹，与原序列保持相同的持久性或反持久性；同时，变换后该方法能够清除自身演化的趋势成分，主要剩下波动成分。因此，与其他诸如谱分析和R/S分析方法相比较而言，它有两个优点：一是能够检测出时间序列中内在的自相似性；二是可消除人造非平稳时间序列中的伪相关现象。

基于标准配分函数多重分形形式体系是早期对时间序列进行多尺度分析的方法，也是最简单的一种方法，该方法要求所研究的时间序列必须是正规的、平稳的。为了克服这种方法的局限性，有学者提出了小波变换模极大值法，该方法在计算过程中需要在整个时间标度上搜索最大路径，虽然解决了时间序列正规、平稳的局限性，却存在计算量较大且不容易理解掌握等问题。2002年，Kantelhardt等改进了DFA，得到MF-DFA，用来分析时间序列的q阶方差。通过这种方法计算广义标度指数，可以监测到记录数据的多重分形行为，通过研究它们的随机重组和替代时间序列，并将其与原始序列的结果进行比较，可以分析多尺度的来源（Lim et al.，2007；Niu et al.，2007；Telesca et al.，2004；Jafari et al.，2007；Pedria et al.，2011；Kimiagar et al.，2009）。这些方法已被用于研究单一非平稳时间序列的统计特性。

MF-DFA是DFA方法的推广，DFA可以看作MF-DFA方法的一种特殊情况。目前，DFA和MF-DFA方法已成功应用于股票金融（Ausloos，2000）、空气污染（吴生虎等，2014）、心率动力学（黄海等，2006）、降水（张斌、史凯，2009）等众多领域。

在空气污染研究领域，DFA和MF-DFA方法应用也已经比较广泛。在大气污染领域较早应用多重分形理论进行研究分析的有Lee等（2003）和Shi等（2010）。Lee（2002）研究了O_3、CO、SO_2和NO_2等空气污染物浓度时间序列的多重分形特征。Shi等（2008）基于重标极差法（R/S分析）、消除趋势波动分析法（DFA分析）、功率谱分析三种分形方法发现上海市SO_2、NO_2、PM10及API时间序列存在幂律统计分布规律和长期持续性标度行为。Shi等（2011）发现2000年7月至2006年6月期间上海市的API具有尺度不变性、长程相关性和多重分形性等特征。Shi等（2015）利用MF-DFA方法分析了成都市（西南地区）一次典型的灰霾期间四个空气监测站的PM2.5小时平均浓度的标度和多重分形性质。Muñoz Diosdado等（2013）发现墨西哥城区1990~2005年的O_3、SO_2、CO和NO_2等空气污染物浓度时间序列呈现多重分形性。Zhu等（2010）和Tong等（2007）分析了南京市空气污染物特征及灰霾影响。Shen等（2016）分析了南京市的日均空气污染指数API时间序列的多重分形特征，发现每年的日均API多重分形来源于尖峰胖尾分布和具有小波动和大波动的长程相关性，并且源于尖峰胖尾分布的多重分形强度比源于相关性的多重分形强度更大。Liu 等（2015）采用消除趋势波动分析（DFA）和多重分形法，对上海市三大污染指数（SO_2、NO_2、PM10）和空气污染指数（API）的时间变化进行了分析，结果表明所有四个时间序列中的时间标度行为表现出两种不同的幂律。黄正文等（2014）应用 DFA 分析方法，研究了成都市一次典型重度灰霾期间 NO_2 小时平均浓度序列的时空演化尺度特征。黄毅等（2015）利用 DFA 方法分析张家界市一次旅游高峰期前后大气 PM2.5 浓度序列的演变规律，还利用 MF-DFA 方法分析了成都市一次灰霾污染过程中 PM10 浓度在灰霾消散前后的多重分形特征，发现在灰霾消散前后期间 PM10 浓度具有多重分形特征。吴生虎等（2016）针对成都市一次重度灰霾，运用 DFA 方法对成都市 PM2.5 小时平均浓度时间序列的标度行为进行了实证研究。

（二）DCCA 和 MF-DCCA 方法

DFA、MF-DFA 方法已被广泛用于研究单一非平稳时间序列的统计特性。然而，在许多情况下，不同数据之间的相关性已经被发现，如湍流（Meneveau et al.，1990；Schmitt et al.，2007；Beaulac and Mydlarski，2004）、农学（Kravchenko et al.，2000；Zeleke and Si，2004）、金融市场（Ivanova et al.，1999；Matia et al.，2003）和地震信号（Lippiello et al.，2008）等时间序列。2008 年，Podobnik 等提出了一种分析两种非平稳时间序列的新方法，称为消除趋势互相关分析法（De-trended Cross-Correlation Analysis，DCCA）。它用于研究基于消除趋势协方差的非平稳时间序列之间的幂律互相关关系。随后，在 2008 年，Zhou 又将 DCCA 方法扩展到多重分形消除趋势互相关分析法（MF-DCCA），这是 DCCA 方法的升级版本，用于研究一维或更高维度的两个时间序列之间的多重分形行为。MF-DCCA 方法是多重分形分析和消除趋势互相关分析的结合，基于 q 阶消除趋势协方差。DCCA 标度指数可以成为表征非平稳时间序列间互相关性大小的定量参数，该方法已成为定量分析两组非平稳时间序列互相关性的最科学有效的方法，它可以有效避免因数据非平稳性而导致的两组时间序列之间的伪相关现象。如今，DCCA 和 MF-DCCA 方法已广泛应用于金融数据（He and Chen，2011a、2011b）、交通流量（Xu et al.，2010；Zhao et al.，2011；Zebende et al.，2011）、太阳黑子数量、河流波动（Hajian and Movahed，2009）及气象数据（Horvatic et al.，2011）等多个领域。但在大气污染领域应用得不是很多，尤其是 MF-DCCA 方法用得更少。

Zhang 等（2015）利用 MF-DCCA 和 MF-ADCCA 两种方法，对比分析北京、香港的 PM2.5 与四种气象要素，分析出 PM2.5 与四种气象要素存在反相关性和不对称多重分形性，并且香港 PM2.5 与天气因素的多重分形特性弱于北京。Shen 等（2015）利用 DCCA、MF-DCCA、MF-CCA 三种多重分形方法对南京市的 API 和六种气象要素进行分析，发现它们具有多重分形特征，对于较小时间尺度，气象要素中除了温度要素外其他都与 API 呈反相关性，当时间尺度比较小的时候，温度与 API 呈正相关性，当时间尺度较大时，呈反相关性。Shi（2014）利用 DCCA 方法对香港的 PM10、二噁英、平均温度和降水四组时间序列进行分析，得出在时间尺度为 12 个月时，PM10 与二噁英呈正的互相关关系，这是因为香港受亚洲季风系统的影响，而在时间尺度为 15 年时，其发现二噁英和温度不存在显著的相关关系。史凯等（2014）采用 DCCA 方法研究了大气污染在区域城市间的互相关性及演变规律，发现周边城镇与成都市区大气污染存在一定程度的互相关性，并且相关性随不同的月份发生变化。李思川等（2015）利用DCCA 法分析了香港地区 NO_2 与 O_3 的相关性，发现它们具有长期持续性特征，并且两者相关性以幂律形式衰减。谢志辉等（2016）采用 DCCA 方法对成都市 PM10 和空气吸收剂量率的逐日监测数据二者的相关性进行分析，研究城市中污染物 PM10 对大气辐射环境的影响。乔中霞等（2017）运用 MF-DCCA 方法研究了香港葵涌港口 O_3、NO_2 和 NO_x 的小时均值浓度，研究表明它们存在明显的多重分形特征，并且其多重分形特征具有白天夜晚和季节周期的差异。秦廷双、何红弟（2017）利用 MF-DCCA 对港口 NO_2、PM10 污染物和天气要素进行分析研究，发现 NO_2、PM10 与天气各要素呈现互相关性及多重分形性，发现 PM10 受天气要素的影响程度更强一些，并且 NO$_2$、PM10 浓度在秋季有上升、春季有下降的趋势。

（三）CDFA 方法

DFA、MF-DFA 方法用于研究单一非平稳时间序列的统计特性，DCCA、MF-DCCA 用于研究一维或更高维度的两个时间序列之间的多重分形行为。然而，现实世界中两个以上的时间序列相互关联的情况很多。因此，仅用于分析其中两个序列的方法不能给我们提供关于更多序列的更完整信息，也不能同时考虑更多参数的模型能力。针对这种情况，Hedayatifar 等（2011）在 2011 年提出一种 DCCA 扩展方法，即耦合消除趋势波动分析法（CDFA），用于分析两组以上序列耦合相关性。当然也有其他方法可以用，如随机矩阵理论和复杂网络，也考虑了参数之间的耦合，但它们只考虑平稳时间序列。CDFA 方法的重要性是它可以考察研究非平稳时间序列。

CDFA 方法比较新颖，近几年在各个领域的时间序列研究中的应用却很少。Wang 等（2017）用 CDFA 方法对四大亚洲股市的股票收益率、交易额和综合指数的多重分形特征进行了调查，结果表明，四个股票市场之间存在耦合相关性，并且耦合相关性具有多重分形特征。由于不同仓库之间的相互作用模式可能使仓库行为序列变得不可预测，Yao 等（2017）利用 CDFA 对仓库数量进行耦合消除趋势波动分析，发现仓库多变量序列存在显著的耦合多重分形特征。但到目前为止还没有系统用于污染领域方面的研究。本书将利用 CDFA 方法研究郑州市典型重灰霾污染天气的六种污染物，分析各污染物之间的耦合相关强度及它们对灰霾动力系统的贡献大小，是一次全新的尝试。尤其是第一次将空间插值与 CDFA 方法结合起来，通过各污染物耦合贡献的空间分布特征挖掘更有意义的空间知识信息，具有较强的创新性。同时，结合 CDFA 方法从空间角度考察分析大气污染耦合演化机制，也为将来相关研究提供一种新的思路。

综合以上三类方法的应用，我们注意到，分形理论相关方法在大气污染中的应用正在不断扩展，但整体上还处在逐步深入的初级发展阶段。一方面，分形理论和方法在大气污染领域还有待进一步推广；另一方面，分形理论等非线性科学应该向大气污染实际应用更进一步。相信不久的将来，国内研究者将会越来越关注非线性科学的发展，分形等非线性科学的推广和应用将会引起大气污染研究领域的深刻变化。

三、复杂网络理论研究现状

自 1998 年 Watts 和 Strogatz 提出 WS 网络以来，复杂网络理论引起了许多科研人员的关注（Watts and Strogatz，1998）。复杂网络，是指具有自相似、自组织、吸引子、小世界、无标度中部分或全部性质的网络。现实中的社会网、因特网、万维网、航空网、电力网、生物网、科研引用网均可以采用网络来描述。其中，复杂网络的复杂性包含三个方面：一是网络结构非常复杂，网络节点及网络连接并没有清晰概率；二是复杂网络仍处于演化当中，节点和连接均在增加，并且边连接多种多样；三是复杂网络具备复杂的动力系统特征，各个节点亦可以形成非线性的系统，并且具备分岔和混沌等非线性动力学特征。

现实世界中存在的复杂系统是由一些简单的规则迭代演化而形成的，而复杂网络能够系统地反映演化过程中的这种复杂性。目前，众多研究表明复杂系统广泛存在社会各领域，因此从复杂网络入手，是一种研究相关复杂现象的有力工具，能够帮助人们了解众多复杂系统中存在的普遍规律，从而有助于把握复杂系统的宏观特征及调节其动力学行为。

复杂网络区别规则网络和随机网络的特点是具有不同的统计特征。在这些特征当中，小世界效应（Small-World Effect）（Milgram，1967）和无标度特性（Scale-Free Property）（Barabasi and Albert，1999）最重要。

规则网络就是一种最简单的网络，这种网络可以使用规则的结构表达元素之间的关系，并遵循既定的规则。然而，对于复杂的大规模网络而言，规则网络无法表示，Erdos 和 Renyi 于 20 世纪 50 年代末构造了完全随机的网络模型——随机网络（ER 随机网络），该网络由 N 个节点和概率 p 决定，即两个节点是否连接的概率为 p，从而形成的网络。其中，规则网络是 p=1 的情况。但一般而言，规则网络和随机网络在现实中属极端情况，现实中的大量网络系统是介于两者之间的复杂网络。Watts 和 Strogatz 于 1998 年根据现实情况，提出一种 WS 网络模型，该模型通过概率 p 切断规则网络的连接，从而形成一个介于随机网络和规则网络的网络——小世界网络。小世界网络模型由具有 N 个节点的环开始，这个环上的每个点均与两侧各有 m 条边相连，而后以概率随机进行重连。通过重连的边，可以减少网络的平均路径长度，但是对簇系数影响较小，这些边也称为"长程连接"。大多数人是和邻居、同事认识，只有个别人在远方甚至国外有朋友，这种集群的社会现象可以使用 WS 模型很好的表达，从而引发人们对小世界网络的关注。

Watts 和 Strogatz 的工作推动了小世界网络和 WS 模型的研究。Newman 和 Watts（1999a、1999b）在 WS 模型的基础上提出变体的 NW 模型，该模型通过随机的增加节点的长程连接边，克服了 WS 模型的孤立簇问题。Kasturirangan（1999）也提出一种 WS 模型的替代模型，他的模型也是从环状格开始，然后在格中间增加节点及新增节点与格的随机连接。其中，这些随机的边具有良好的"长程连接"特性，从而呈现出小世界特性。Dorogovtsev 和 Mendes（2000）对这一情况进行了精确的求解。Kleinberg（2000）在二维方格的基础上提出了 WS 网络的一般化模型，该模型的平均路径长度是可控制的。现实中网络的小世界特性形成机制仍需要深入研究，不少学者尝试深入挖掘其内在的形成机制。杨波等（2004）基于个体的选择提出小世界网络的结构演化。另外，基于地理位置择优连接机制，Ozik 等（2004）提出小世界特征的形成机制是系统增长和局部作用的共同结果；刘强等（2005）采用交叉边的方法研究了一种生成小世界特性的新方法。小世界网络拓扑结构如图 1-1 所示。

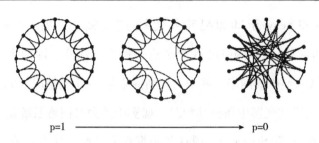

p=1 ⟶ p=0

图 1-1 小世界网络拓扑结构

注：从左到右依次为规则网络、小世界网络和随机网络。

人们发现，小世界网络特征几乎存在于现实中的网络（Watts and Strogatz，1998；Faloutsos et al.，1997；Liljeros et al.，2001；Ebel et al.，2002；Sen et al.，2003；Zhao and Gao，2007）。此外，现实中大量的网络节点度（某节点拥有的邻接节点数目）均服从幂律分布（Barabási and Oltvai，2004；Newman，2000），即某个特定度的节点数目与该特定度的大小关系近似幂函数。幂律分布允许度很大的节点存在于网络当中。但是随机网络和规则网络，它们的度分布区间相当狭窄，几乎没有偏离均值节点度较大的节点。学术上，将服从幂律分布的网络叫作无标度网络（Scale-Free Network），这种网络的幂律分布称为无标度特性，如图 1-2 所示。

Barabási 和 Albert 于 1999 年给出无标度网络的演化模型，该方法与 Price（1965）的方法是类似的。Barabási 和 Albert 将真实网络的无标度特征归功于"生长"和"优先连接"两个因素，并通过模拟这两个因素构建他们的网络模型（BA 网络）。

真实网络还有混合模式（Newman，2003）、度相关特性（Pastor-Satorras et al.，2001；Newman，2002）、超小世界性质（Zhou et al.，2004）等统计特性。限于篇幅，在此不再赘述，有兴趣的读者可以参考相关文献。

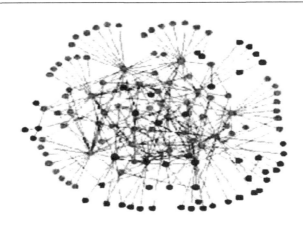

图 1-2 无标度网络示意

近年来，将时间序列映射到相应的复杂网络，进行非线性时间序列的分析研究，已经在股票、金融、生物医学等（张欢欢，2011）现实数据中得到应用。其主要思想是将系统的实部之间链接为一个复杂的网络，以网络的形式描述系统实部之间的关系，以便更好地了解现实系统的本质。随着无标度网络模型（Barabasi and Albert，1999）、小世界网络模型（Watts and Strogatz，1998）、NW模型（Newman and Watts，1999）和随机网络模型（Erdös and Rényi，1966）的发展，复杂网络已被应用于越来越多的领域，为我们提供了一个全新的视角和方法来研究复杂性问题。近年来，复杂网络理论在非线性时间序列分析领域蓬勃发展，这种方法的主要思想是通过将时间序列映射到复杂网络来研究它的性质。将时间序列构建成一个复杂网络，通过量化一系列的拓扑统计特征可以从网络组织中探索时间序列的动态。Zhang 及其导师 Small 将心电信号的每一个周期作为网络的节点，从而将心电信号转换成复杂网络进行分析（Zhang and Luo，2006；Zhang and Small，2006；Zhang et al.，2008）。Marwan 等（2009）和 Donner 等（2010）将时间序列的递归矩阵视为复杂网络的邻接矩阵，从而探讨了复杂网络的统计特征。Xu 等（2008）在研究如何区别周期、混沌和含噪声的周期信号时，探讨了时间序列映射成复杂网络的超家族与模体现象。Yang 和 Yang（2008）通过金融时间序列的相关系数来构造复杂网络，并进行相关分析。Zhang 等（2008）根据伪周期时间序列构建复杂网络，每个周期代表网络中的一个节点。Xu 等（2008）介绍了从时间序列到复杂网络的一种转换，并研究了该网络中不同子图的相对频率。Lacasa 等（2008）提出可视图方法，该方法的提出受到各领域学者的关注，在地质灾害学、气象学、经济学等方面应用广泛。Bezsudnov 和 Snarskii（2014）提出一种改进的时间序列复杂网络（图）的自然可视图（NVG）算法，即参数自然可视图（PNVG）算法，该算法可以区分、识别和描述各种时间序列。Luque 等（2009）提出了 VG 的简化版本，命名为水平可视图算法（HVG）。Donges 等（2013）基于标准的水平可视图法，提出了有关时间序列的一组新的不可逆性统计测试。对于给定的时间序列，VG 和 HVG 的顶点集相同，而 HVG 的边集合映射了两个观测值 x_i 和 x_j 的相互水平可见度。后来，Zhou 等（2012）提出了根据时间序列构建复杂网络的一种改进可视图方法，即有限的透明可视图。作为一种有效的方法，该方法已经成功地被用于表征人类的力量区间（Lacasa et al.，2009）、美国的飓风发生（Elsner et al.，2009）、外汇汇率（Yang et al.，2009）、湍流中的能量耗散率（Liu et al.，2009）、人类心跳动力学（Shao et al.，2010；Zhao and Li，2010）、脑电图序列（Ahmadlou et al.，2010）、日流量序列（Tang et al.，2009）、股票指数（Qian et al.，2009；Ni et al.，2008）和黄金价格时间序列（Long，2013）。重构相空间的方法是将时间序列映射到复杂网络的重要方法，该方法将时空序列嵌入相位空间，相位空间中的每个向量被认为是网络中的一个节点，两个节点之间是否存在链接取决于它们之间的相位空间的距离（或相关系数）（Gao and Jin，2009；Tang et al.，2013；Dong et al.，2013；Xiang et al.，2012），还有一些通过粗粒化方法将时间序列映射到复杂网络（Sun et al.，2014；Chen，2010；An et al.，2014；An et al.，2014；Sun et al.，2016）。

总而言之，以前的研究表明，对时间序列构建复杂网络的核心是正确定义节点和边。截至目前，将时间序列合理地映射到可以有效表征其本质规律的网络中仍然是一个悬而未决的问题。

第三节 面向生态城市建设的污染复杂性研究框架

一、研究目标

本书以郑州市为研究对象，面向生态城市建设需求，构建了一套基于非线性科学方法的污染复杂性研究框架，旨在揭示大气污染演化的内在规律，为灰霾污染防治提供科学依据。具体目标包括四点：

（1）揭示污染演化的非线性特征。利用多重分形消除趋势波动分析法（MF-DFA），定量描述各污染物浓度序列的长期持续性，揭示大气污染物演化的内部动力机制。

（2）解析污染物与气象要素的关联性。通过多重分形消除趋势互相关分析法（MF-DCCA），研究郑州市重灰霾期间各污染物之间及其与气象要素之间的相关性和多重分形特征，为生态城市的气象调控提供依据。

（3）量化污染物的耦合关系。利用耦合消除趋势波动分析法（CDFA），对郑州市一次严重灰霾天气中的 CO、NO_2、O_3、PM2.5、PM10、SO_2 六种污染物的耦合关系进行分析，通过空间插值识别重点污染物及其贡献，为精准治理提供支持。

（4）构建污染波动网络。基于粗粒化同质划分方法，构建有向加权的PM2.5污染波动网络，揭示污染波动模态间的非线性动力学机制，为生态城市的污染预警和调控提供理论支撑。

二、研究内容

本书围绕生态城市建设中的污染复杂性，从以下四个方面展开研究：

（1）污染物浓度序列的长期持续性及多重分形特征。利用消除趋势波动分析法（DFA）和多重分形消除趋势波动分析法（MF-DFA），对郑州市九个站点的污染物浓度序列进行长期持续性分析，并通过 ArcGIS 插值考察其空间分布特征，揭示污染物演化的非线性动力学机制。

（2）污染物与气象要素的多重分形相关性。采用 MF-DCCA 方法，研究郑州市重灰霾期间典型污染物之间及其与气象要素之间的相关性，揭示污染物演化的多重分形特征及其与气象条件的相互作用机制。

（3）多污染物耦合演化及空间贡献分析。利用 CDFA 方法，研究郑州市严重灰霾天气中六种污染物的耦合关系，量化各污染物在灰霾动力系统中的耦合强度及贡献，并通过 ArcGIS 空间插值分析其空间分布特征，为生态城市的空间规划提供依据。

（4）PM2.5 污染波动网络的构建与分析。基于粗粒化同质划分方法，构建有向加权的 PM2.5 污染波动网络，通过分析网络的度分布、聚类系数和介数中心性等特征量，揭示污染波动模态间的非线性动力学机制，为生态城市的污染预警和调控提供理论支持。

三、本书组织结构

本书共分为七章，具体结构如下：

第一章　绪论。阐述研究背景与意义，综述大气污染研究方法的现状，明确本书的研究目标、研究内容，并给出全书的结构框架。

第二章　郑州市生态城市建设的研究基础与数据支撑。介绍郑州市的区位条件、气候条件、地形地貌及环境功能分区，详细说明研究数据的来源、处理方法

及污染物浓度与气象要素的关系。

第三章　生态城市视角下大气污染演化的多重分形复杂特征研究。利用 MF-DFA 方法，研究大气污染物的长期持续性和多重分形特征，揭示污染物演化的非线性动力学机制。

第四章　生态城市建设中大气污染与气象影响要素的相关性研究。采用 MF-DCCA 方法，分析污染物之间及其与气象要素之间的多重分形相关性，揭示污染物演化的多重分形特征及其与气象条件的相互作用机制。

第五章　面向生态城市的大气污染耦合演化空间分布特征研究。利用 CDFA 方法，研究六种污染物的耦合演化过程，量化各污染物在灰霾动力系统中的耦合强度及贡献，并通过 ArcGIS 空间插值分析其空间分布特征。

第六章　基于复杂网络的大气污染生态调控研究。基于粗粒化同质划分方法，构建有向加权的 PM2.5 污染波动网络，分析网络的拓扑结构特征，揭示污染波动模态间的非线性动力学机制。

第七章　生态城市建设视角下的大气污染治理总结与展望。总结本书的主要研究工作，凝练创新点，并对未来研究方向进行展望，为生态城市建设中的污染复杂性研究提供新的思路和方法。

通过上述研究框架，本书旨在为郑州市及类似城市的生态建设提供科学依据，推动大气污染治理与生态城市建设的深度融合，为实现"美丽中国"和"绿色发展"目标贡献力量。

第二章 郑州市生态城市建设的
研究基础与数据支撑

第一节 郑州市生态城市建设背景

一、地理位置

郑州市位于 112°42′~114°14′E, 34°16′~34°58′N, 河南省中部偏北。郑州市北面是母亲河黄河, 西面为中岳嵩山, 东南是黄淮平原。由于地理位置处于中原腹地, 有"雄峙中枢、控御险要"之称。郑州市是全国重要的交通枢纽, 同时也是新亚欧大陆桥上的重要城市, 是国家级中心城市和历史文化名城。

二、行政区划

郑州市是河南省省会, 常住人口 1300.8 万人, 为河南省政治、经济、文化中心。郑州市总面积 7567.22km², 其中市中心城区城市建成区面积 796.70km², 市域城市建成区面积为 1412.22km²。现辖 12 个区县（市）, 其中包括 6 个区,

5 个县级市，1 个县。6 个区有金水区、二七区、中原区、惠济区、上街区和管城回族区；5 个县级市有新郑市、巩义市、新密市、登封市和荥阳市；1 个县为中牟县。另外，郑州市设有郑东新区、高新技术产业开发区、经济技术开发区和航空港经济综合实验区四个功能区。

三、区位关系

郑州市是河南省和中原城市群的首位城市，具有独特且重要的区位条件。同时，郑州市也是中西部地区重要的中心城市。从地理位置上看，郑州市位于我国中部地区，处于东南沿海发达区域和西部欠发达区域之间，同时处于陇海经济带和京广经济带上，因此郑州市是东西部地区联系的桥梁和纽带，是推动中部崛起的核心城市之一。

四、气候条件

郑州市地处暖温带向亚热带的过渡地带，属于温带大陆性季风气候，冷暖气流交替频繁，四季分明。郑州市春夏秋冬四季特征为：春季气候干燥，雨水较少，多春旱，冷暖多变，大风较多；夏季气温炎热，降水多集中于夏季；秋季气候凉爽，时间较短；冬季漫长，气候干冷，雨雪稀少。郑州市年平均气温为 14.4℃，其中 7 月最热，平均气温为 27.3℃；1 月最冷，平均气温为 0.1℃；年平均降雨量 632mm，无霜期 220d，全年日照时间约 2400h。

五、地形地貌

郑州市全区地势特点可概括为：西高东低，地形呈阶梯状，山地、丘陵、平原之间分界明显，地貌类型多样，区域性差异明显。具体地形地貌情况：郑州市横跨我国第二级和第三级地貌台阶，西南部嵩山属于第二级地貌台阶前缘，其地势较高；东部平原为第三级地貌台阶后部组成部分，其地势较低；东西部之间为低山丘陵地带，构成了第二级地貌台阶向第三级地貌台阶过渡的边坡。山地海拔高度在400～1000m之间，最高点为少室山主峰（连天峰），海拔为1512.4m。丘陵位于京广线以西，嵩山山脉山前及以北，丘陵海拔高度大部分在200～300m之间，丘陵地表起伏相对较小，土地开发利用潜力较大。平原分为东、西两部分，东部平原地处黄河大冲积扇基轴南翼，主要分布在郑州中心城区、中牟、新郑；西部平原位于洛河下游两岸和枯河流域，分布在巩义、荥阳境内，平原地区地势平坦、土层深厚、水源充足，是郑州市主要农作物区。郑州市地跨黄、淮两大流域，全市共有124条大小河流，36条河道长度在20km以上的河流，过境河有黄河、洛河等。

六、环境质量功能区划

根据《中华人民共和国环境保护法》《中华人民共和国大气污染防治法》《中华人民共和国噪声污染防治法》《环境空气质量标准》，为加强郑州市中心城区内的污染控制，改善城区居民的生产、生活、学习和工作环境，将规划中心城区划分为：一类区——居住文教区、二类区——混合区、三类区——工业集中区三类环境功能区。

居住文教区，指以居民区和文教区占绝对优势的区域。该区环境噪声执行《城市区域环境噪声标准》（GB3096—93）一类标准，烟尘执行国家《工业炉窑大气污染物排放标准》（GB9078—1996）二级标准和《锅炉大气污染物排放标准》（GWPB 3—1999）二类标准。

混合区，指居住、商业、工业混杂区。该区环境噪声执行《城市区域环境噪声标准》（GB3096—93）二类标准，烟尘执行国家《工业炉窑大气污染物排放标准》（GB9078—1996）二级标准和《锅炉大气污染物排放标准》（GWPB 3—1999）二类标准。

工业集中区，指市区总体规划明确确定的工业区。该区域污染物排放相对集中。该区环境噪声执行《城市区域环境噪声标准》（GB3096—93）三类标准，烟尘执行国家《工业炉窑大气污染物排放标准》（GB9078—1996）三级标准和《锅炉大气污染物排放标准》（GWPB3—1999）三类标准。

郑州市市区环境保护规划如图2-1所示。

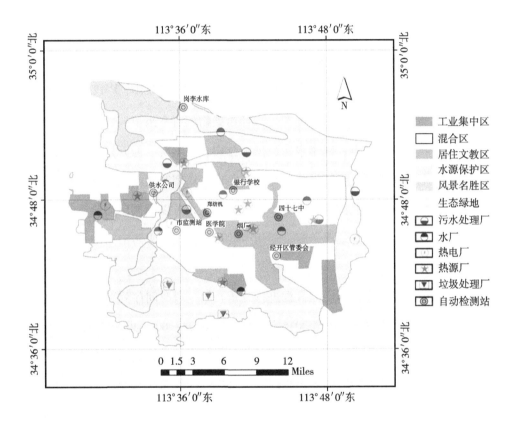

图2-1 郑州市市区环境保护规划

第二节 郑州市大气生态数据体系构建

一、数据来源及处理

以郑州市生态环境局提供的郑州市 NO_2、CO、O_3、PM10、PM2.5 和 SO_2 六种污染物的每小时平均数据为数据源。每种污染物都有 9 组不同数据，分别来自郑州市 9 个自动监测站点：岗李水库、供水公司、医学院、经开区管委会、市监测站、四十七中、烟厂、银行学校、郑纺机。这些城市监测站均匀分布在郑州市的重要地区，对这 9 个监测站的污染数据进行研究，可以挖掘出污染动力系统的内部规律知识，从而很好地揭示整个郑州市的污染情况，为防治污染提供科学指导依据。

本书主要基于两个时间段的数据进行分析。第一段时间序列数据的起止时间是 2016 年 12 月 17 日 00：00 至 2016 年 12 月 26 日 24：00（共 240h），主要在第三章到第五章进行分析，这 10 天经历了 2016 年郑州市最严重的一次典型灰霾污染天气；第二段时间序列数据的起止时间是 2016 年 12 月 1 日 00：00 至 2017 年 1 月 31 日 24：00（共 1488h），放在第六章中重点分析，这 2 个月的郑州市污染呈现次数多、污染重的特点。两段不同时间尺度的数据是紧密联系的（见图 2-2）：首先，第一段时间序列数据是一次典型重灰霾时间段的数据，对此进行研究有重要意义；其次，第二段时间序列数据包含了第一段时间序列数据，同时时间尺度更大，体现了从特殊到一般的过程，两段时间序列前后承接、互相支撑。少量缺失的数据由前后两个最近数据取算术平均值方法补上。

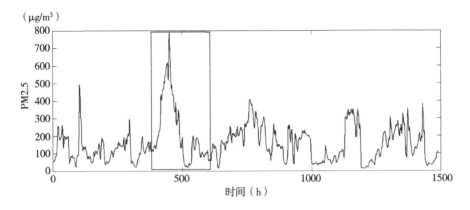

图 2-2 第一段时间序列数据与第二段时间序列数据之间的关系

二、数据概况分析

在研究重灰霾期间大气污染演化的复杂性及空间特性之前，我们先了解一下各污染物在第一段典型重灰霾污染期间随时间的变化趋势，以及此次重灰霾期间的天气状况。图 2-3 为 2016 年 12 月 17 日 00：00 至 2016 年 12 月 26 日 24：00，共 240 小时的郑州市各污染物小时平均浓度变化趋势图。从图 2-3 可以看出：①PM10 和 PM2.5 随时间推移有相同的变化趋势，并且 PM10 最高值达到 $927\mu g/m^3$，PM2.5 最高值达到 $786\mu g/m^3$，即 PM10 所含主要颗粒物为细颗粒物 PM2.5，由此可见，PM2.5 是这段重灰霾的主要颗粒物，为首要污染物。②CO、NO_2 与 PM10、PM2.5 也有类似的升降趋势，并且四种污染物几乎同时在 2016 年 12 月 19 日晚 20：00 浓度值达到了最大，说明颗粒物的浓度与 CO、NO_2 污染物浓度有很大相关性。③SO_2 在重灰霾期间其值也达到了最高值，同时 SO_2 也出现昼夜浓度波动变化的趋势，白天浓度值快速上升到最高值，夜晚迅速降低到最低值，一般在白天的 10：00～14：00 达到最高值，夜晚在 23：00 左右达到最低值，说明 SO_2 污染物与白天污染源排放有直接关系，这也与人们白天的生产生活相关。从总体趋势来看，PM2.5 高浓度期间 SO_2 的值也较大，说明 PM2.5 的浓度值升高

与 SO_2 的排放也有很大关系。④光化学烟雾中的二次污染物主要是 O_3，其污染高峰一般出现在 14：00 左右，并且表现出白天高、夜晚低的周期变化。这与图 2-3 中 O_3 的趋势是一致的，O_3 呈现白天高、夜晚低的规律。

需要说明的是，2016 年 12 月 17 日 00：00 至 2016 年 12 月 26 日 24：00（共 240h）的郑州市各气象要素小时平均数据由河南省气象局提供。

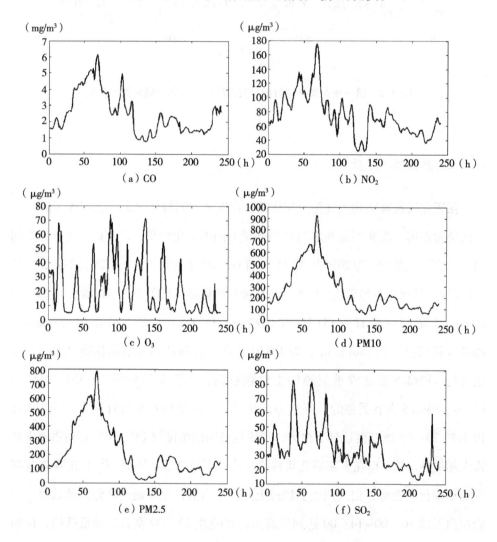

图 2-3　郑州市各污染物小时平均浓度变化趋势

注：2016 年 12 月 17 日 00：00 至 2016 年 12 月 26 日 24：00，共 240h。

气象条件对灰霾天气有很大影响，如气温、风速、降水、湿度、气压等（见图 2-4）。

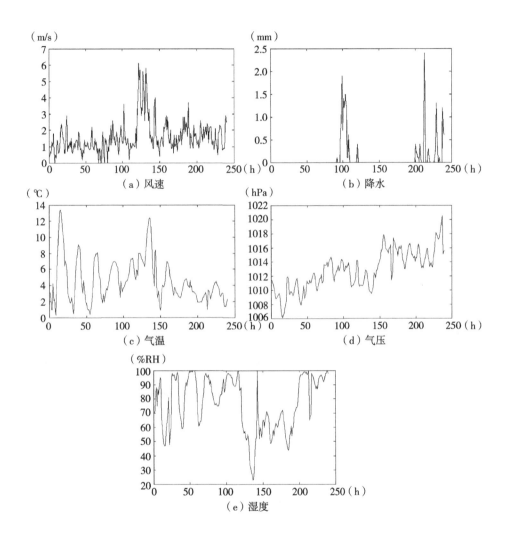

图 2-4 郑州市各气象要素小时平均量变化趋势

注：2016 年 12 月 17 日 00：00 至 2016 年 12 月 26 日 24：00，共 240h。

风向对空气污染的影响主要表现为风力对污染物在水平方向的输送，即污染源和污染区域下风向可能是重污染地带，在进行污染源解析时要重点考虑。风速是大气水平扩散能力的主要指标，是影响空气污染的主要气象条件。降水对颗粒物起到了清洗和净化的作用，降水持续时间越长、降雨量越大，则对颗粒物浓度的影响越显著，此外，降水对二氧化硫和氮氧化物等气态污染物的降解作用也非常明显。日照强度主要对光化学反应有影响，一般在晴空少云的中午时刻，日照较强，光化学反应加剧，二次污染物开始产生。低云量与大气颗粒物浓度有显著相关性，颗粒物浓度升高可导致低云量增大；反之，低云量的增加也可凝结水导致颗粒物的升高。不同的天气可产生高污染和低污染天气特征。当高、低压增强时，风速加大，污染程度减轻；高、低压减弱时，风速减小，污染物迅速积累，浓度迅速升高。

将图 2-3 和图 2-4 进行对比会发现，在风速升高和降水的时间段，除 O_3 外各污染物稍微有所降低，但可以看出在 t<120h 时，主要风速在 3m/s 以下，此时各污染物浓度都很高；在 120h<t<135h 时，各污染物浓度已经降下来，此时风速又变大为 6m/s 左右，使得各污染物浓度降下来以后，又受微风的影响降低一些；当 t>135h 时，主要风速又变为 3m/s 以下，污染物浓度有所增加。这说明风速大小与污染物的扩散有关，风速增大会一定程度上加速灰霾的扩散速度，从而降低污染程度；而小风或静风反而不利于污染物的扩散和输送，更容易使污染物堆积，加重污染。对于图 2-4（b），在 t=98h 和 t=200h 时开始出现降水，这时除 CO 和 NO_2，其他的污染指数也已经降下来，但下降范围不大，因此降水在此次灰霾发生时起的作用不大，但却有利于灰霾颗粒物的沉淀。在这段灰霾污染时间段，很少有光照时间，根据气象站数据，这段灰霾时间除了 12 月 17 日和 12 月 21 日有几个小时的光照时间外，其他几天均为有雾天气，这也抑制了 O_3 的光化学反应。

整体上看，CO、NO_2、PM10、PM2.5 从 2016 年 12 月 17 日 00：00 到 2016 年 12 月 22 日 17：00（见图 2-3 中的 0~137h）浓度值由高到低，后面几天略有升高但明显好转，尤其从图 2-3 中可以看出 PM10 和 PM2.5 的浓度变化趋势图呈尖峰状，PM10 和 PM2.5 在不到两天的时间内迅速到达最高值。由图 2-3 和图 2-4 可知，在 2016 年 12 月 17 日 00：00 到 2016 年 12 月 22 日 17：00 这段时间，CO、NO$_2$ 及 SO$_2$ 的浓度值较高，并且空气湿度大、气温高且气压低，这都不利于污染的消散，而有利于加重污染。然后又经过两天时间 PM10 和 PM2.5 迅速下降，下降的原因跟 CO、NO$_2$ 及 SO$_2$ 的浓度值降低有关，在 12 月 23 日 PM10 和 PM2.5 几乎达到了最小值。由图 2-4 可知，12 月 21 日下了一天雨且 12 月 22 日风速较之前加大，最高风速达到 6.1m/s，使得 12 月 22 日的灰霾已经明显减轻后又得到稍微的降低，数据显示，12 月 22 日之后灰霾又出现小的上升趋势。

第三章 生态城市视角下大气污染演化的多重分形复杂特征研究

第一节 引言

城市大气污染是人类向开放、耗散的复杂大气系统中排放污染物的结果，其形成与演化过程具有显著的宏观性和整体性特征。在灰霾期间，各污染物浓度值呈现出高低起伏的变化，并持续一段时间，这种动态变化不仅反映了污染物的局部行为，还体现了其宏观演化的整体规律。因此，研究各污染物浓度自我演化的宏观、整体特征，对于理解大气污染系统的复杂性及其对生态城市的影响具有重要意义。

为了揭示大气污染演化的宏观特征，本章采用消除趋势波动分析法（DFA）对郑州市九个监测站点的各污染物浓度序列的长期持续性进行分析。DFA方法能够有效识别非平稳时间序列中的长记忆性特征，并进一步研究极端值对系统演化的影响。然而，单一尺度的DFA分析难以全面刻画污染物浓度序列的非线性特征。因此，为了更细致地描述各污染物浓度序列的内部局部结构，本章进一步引入多重分形消除趋势波动分析法（MF-DFA）。多重分形分析不仅能够刻画灰霾期间污染过程所特有的模式，还能记录污染物在不同时间标度上的详细信息，为污染物浓度的概率分布提供估计值，从而揭示污染物浓度演化的本质特征。多重分形分析的优势在于其能够更细致、更精确、更全面地描述时间序列的特征，并对时间序列演化的长期持续性进行定量描述。通过 MF-DFA 方法，我们可以揭示大气污染系统内部的动力机制，识别污染物浓度序列的多重分形特性，从而为生态城市的污染调控提供科学依据。例如，通过分析 PM2.5 浓度序列的多重分形特征，可以揭示其在不同时间尺度上的波动规律，识别关键时间节点及其对污染演化的影响，为制定针对性的污染防控措施提供理论支持。

DFA 方法特别适用于研究具有长记忆性的过程，并能够进一步分析极端值对系统演化的影响。MF-DFA 方法能够避免对相关性的误判，并发现非平稳时间序列中的长期持续性。正如 Wiecimka 所指出的，MF-DFA 方法不仅能够全局探索多重分形行为，还是一种非常有效的多重分形分析方法。目前，MF-DFA 方法已成功应用于各种非平稳时间序列的研究，包括金融市场波动、气象数据、河流流量等领域，展现了其在不同学科中的普适性和有效性。由于 MF-DFA 是 DFA 的推广，本章将 DFA 作为 MF-DFA 的一种特殊情况，包含在 MF-DFA 方法中进行介绍。具体而言，本章将利用 DFA 方法分析各污染物浓度序列的长期持续性，揭示其长记忆性特征；同时，通过 MF-DFA 方法进一步研究污染物浓度序列的多重分形特性，揭示其在不同时间尺度上的波动规律及其内部动力机制。例如，通过分析 PM2.5 浓度序列的多重分形特征，可以揭示其在灰霾期间的高波动性和极端值分布规律，为生态城市的污染预警和调控提供科学依据。

本章的研究不仅为理解大气污染演化的多重分形复杂特征提供了新的视角，还为生态城市的污染调控提供了科学依据。通过 DFA 和 MF-DFA 方法，可以定量描述污染物浓度序列的长期持续性和多重分形特性，揭示其内部动力机制，从而为生态治理体系奠定理论基础。

第二节　多重分形消除趋势波动分析法（MF-DFA）

MF-DFA 方法包括五大步骤。

第一步，考虑长度为 N 时间序列 $\{x_i\}$，构建累积序列：

$$X(i) = \sum_{m=1}^{i} (x_m - \langle x \rangle) \qquad (3-1)$$

其中，$i = 1, 2, \cdots, N$，$\langle x \rangle = \dfrac{1}{N} \sum_{m=1}^{N} x_m$。

第二步，将累积序列 $X(i)$ 划分成 N_s 个等长度为 s 的互不重叠的盒子，$N_s = \mathrm{int}\left(\dfrac{N}{s}\right)$，由于 N 有可能不是 s 的整数倍，所以累积列尾部会有部分剩余数据不进行计算。计算时为了考虑到这部分剩余数据，可以从累积序列的尾部重复这一划分过程，因此共得到 $2N_s$ 个小盒子。

第三步，利用最小二乘法拟合每个小盒子中的累积序列，从而计算得到 $2N_s$ 个盒子的局部趋势 $x_v(i)$，然后计算其整体消除趋势多元协方差：

$$x_v(i) = a_0 + a_1 i + a_2 i^2 + \cdots + a_k i^k, \ i = 1, 2, \cdots, s; \ k = 1, 2, \cdots$$

或者一阶 $x_v(i) = a_0 + a_1 i$，拟合形式可采用一次、二次、三次，甚至更高阶 k 的多项式，分别记为 DFA1、DFA2、DFA3，$\cdots$，DFAk。

$$\begin{cases} F_v(s) \equiv \dfrac{1}{s} \sum_{i=1}^{s} |X[(v-1)s+i] - x_v(i)|^2, & v = 1, 2, \cdots, N_s \\[3mm] F_v(s) \equiv \dfrac{1}{s} \sum_{i=1}^{s} |X[N-(v-N_s)s+i] - x_v(i)|^2, & v = N_s+1, N_s+2, \cdots, 2N_s \end{cases}$$

$$(3-2)$$

第四步，计算 q 阶波动函数：

$$\begin{cases} F(q,\,s) \equiv \left\{ \dfrac{1}{2N_s} \displaystyle\sum_{v=1}^{2N_s} \left| F_v(s) \right|^{\frac{q}{2}} \right\}^{\frac{1}{q}}, & q \neq 0 \\[3mm] F(q,\,s) = \exp\left\{ \dfrac{1}{4N_s} \displaystyle\sum_{v=1}^{2N_s} \ln \left| F_v(s) \right| \right\}, & q = 0 \end{cases} \qquad (3\text{-}3)$$

第五步，如果时间序列 $\{x_i\}$ 是长程幂律相关的，则 $F(q,s)$ 与 s 在双对数坐标下呈幂律关系：

$$F(q,\,s) \sim s^{h(q)} \qquad\qquad\qquad\qquad\qquad (3\text{-}4)$$

其中，$h(q)$ 称为 q 阶广义的 Hurst 指数，可通过计算双对数下 $F(q,s)$ 与 s 的关系图的斜率得到。如果 $h(q)$ 关于 q 是常数，表明时间序列的局部结构是均匀一致的，则该时间序列是单分形的；如果 $h(q)$ 的值随着 q 变化而变化，表明该时间序列的局部结构式并非均匀一致的，则存在多重分形。不同的 q 就能描述不同程度的波动对 $F(q,s)$ 的影响。当 $q<0$ 时，波动函数 $F(q,s)$ 的大小受小波动偏差 $F_v(s)$ 的影响较大，此时 $h(q)$ 描述了小幅波动的尺度行为；而当 $q>0$ 时，波动函数 $F(q,s)$ 的大小受大波动偏差 $F_v(s)$ 的影响较大，此时 $h(q)$ 描述了大幅波动的尺度行为。

当 $q=2$ 时，MF-DFA 退化为经典的 DFA 方法。我们知道，对于 DFA 方法，$h(2)$ 可以表明所分析的时间序列是否具有分形性质。当 $h(2)=0.5$ 时，序列是不存在任何关系的白噪声序列，表现出完全随机的特征，没有长期持续性，未来时刻的值与过去时刻的值没有关系。当 $h(2) \neq 0.5$ 时，序列表现出长期持续性，即序列的每个值会"记忆"它之前一段时间的值。进一步地，如果 $h(2)>0.5$，则时间序列表现出正的长期持续性，意味着若时间序列在过去某一时间段内呈现上升或下降的趋势，那么未来的某一时间段也呈现上升或下降的趋势，对应于系统的正反馈机制。如果 $h(2)<0.5$，则时间序列具有反长期持续性，说明时间序列在演化上更多地表现出相反的趋势，对应于系统的负反馈机制。

对于 MF-DFA 我们可推广为：若广义 Hurst 指数 $h(q)>0.5$，表明序列呈长期持续性，即若序列在前一时段表现出上升或下降的趋势，则它在后一时段也表现出上升或下降的趋势；若 $h(q) < 0.5$，表明时间序列存在反持续性；若 $h(q) = 0.5$，表明此时时间序列属于随机游走，没有规律。

一、MF-DFA 与标准多重分形分析（MFA）的关系

式（3-4）中定义的稳定的、标准化序列的多重分形的标度指数 $h(q)$ 与下面基于多重分形理论的标准分布函数定义的标度指数 $\tau(q)$ 直接相关。假设长度为 N 的序列 x_k 是一个稳定的标准化序列，由于不用再消除趋势，所以上文 MF-DFA 方法实现步骤中第三步的消除趋势过程就不需要了。因此，DFA 就可以由标准波动分析（FA）代替，除了方差定义外，它与 DFA 相同，对每个小盒子 $v=1，\cdots，N_s$ 都简化了。步骤三中的式（3-2）变为：

$$F_v(s)_{FA} \equiv |X(vs) - X[(v-1)s]|^2 \tag{3-5}$$

将这个简化的公式代入式（3-3），再由式（3-4）可得到：

$$\left\{ \frac{1}{2N_s} \sum_{v=1}^{2N_s} |X(vs) - X[(v-1)s]|^q \right\}^{\frac{1}{q}} \sim s^{h(q)} \tag{3-6}$$

为了简单起见，我们可以假设序列长度 N 是尺度 s 的整数倍，可得 $N_s = \dfrac{N}{s}$，因此有：

$$\sum_{v=1}^{\frac{N}{s}} |X(vs) - X[(v-1)s]|^q \sim s^{qh(q)-1} \tag{3-7}$$

这与相关文献（Mandelbrot，1982）中使用的多重分形方法相对应。事实上，与 $h(q)$ 类似的由式（3-7）计算得到的指数等级 $h(q)$ 已经在文献中有过介绍，为了将其和标准教科书中（Kantelhardt et al.，2003）的盒计数方法联系起来，我们可以利用式（3-1）。可以证明，式（3-7）中 $X(vs) - X[(v-1)s]$ 等于长度为 s 的每个盒子中 x_k 的和。对于标准化序列 x_k，这个和就是多重分形理论中著名的盒概率 $p_s(v)$：

$$p_s(v) \equiv \sum_{k=(v-1)s+1}^{vs} x_k = X(vs) - X[(v-1)s] \tag{3-8}$$

标度指数 $\tau(q)$ 通常可以由分拆函数 $Z_q(s)$ 定义：

$$Z_q(s) \equiv \sum_{v=1}^{\frac{N}{s}} |p_s(v)|^q \sim s^{\tau(q)} \tag{3-9}$$

其中，q 是上述 MF-DFA 方法中的变量。将式（3-8）代入式（3-9）中，可发现式（3-9）与式（3-7）是相等的，我们可以得到这两个多重分形指数之间的关系：

$$\tau(q) = qh(q) - 1 \tag{3-10}$$

于是，MF-DFA 方法中式（3-4）中定义的 $h(q)$ 与经典多重分形标度指数 $\tau(q)$ 直接关联起来。因此，我们可以推出标度指数 $\tau(q)$ 与 q 的函数关系图。若时间序列是单分形的，则 $\tau(q)$ 是 q 的线性函数；若时间序列是多重分形，则 $\tau(q)$ 是 q 的凸函数，存在弯曲度，并且 $\tau(q)$ 越弯曲，对应时间序列的多重分形特征越强。注意，$h(q)$ 与广义多重分形维数 $D(q)$ 不同，$\tau(q)$ 与 $h(q)$ 关系如下：

$$D(q) = \frac{\tau(q)}{q-1} = \frac{qh(q)-1}{q-1} \tag{3-11}$$

在这种情况下，对于单分形时间序列，当 $h(q)$ 与 q 无关时，$D(q)$ 依赖于 q。

表征多重分形序列的另一种方法是通过勒让德（Legendre）变换找到与 $\tau(q)$ 相关的奇异频谱 $f(\alpha)$（Feder, 1988；Peitgen et al., 1992）：

$$\begin{cases} \alpha = \tau'(q) \\ f(\alpha) = q\alpha - \tau(q) \end{cases} \tag{3-12}$$

这里，α 是奇异强度或 Hurst 指数，而 $f(\alpha)$ 表示由 α 定义的序列子集的维数。由此可得到 $\alpha \sim f(\alpha)$ 的关系，即多重分形图谱。利用式（3-10），我们可以直接将 α、$f(\alpha)$ 与 $h(q)$ 相关：

$$\begin{cases} \alpha = h(q) + qh'(q) \\ f(\alpha) = q[\alpha - h(q)] + 1 \end{cases} \tag{3-13}$$

其中，α 为奇异指数，用来描述时间序列中各个区间不同的奇异程度；$f(\alpha)$ 为多重分形谱，$f(\alpha)$ 值反映了奇异指数 α 的分形维数。Oświęcimka 等在 2006 年分析广义二项多重分形模型过程中，发现了整个 q 阶 Hurst 指数 h(q) 存在以下关系：

$$h(q) = \frac{1}{q} - \frac{\ln(a^q + b^q)}{q\ln 2} \qquad (3\text{-}14)$$

式（3-14）中，a，b 为参数。进一步我们可以得到多重分形谱的宽度：

$$\Delta\alpha = \alpha_{max} - \alpha_{min} = h(-\infty) - h(+\infty) = \frac{\ln b - \ln a}{\ln 2} \qquad (3\text{-}15)$$

其中，α_{max} 对应于时间序列的最小概率子集（应该是最大值的概率子集），α_{min} 对应于时间序列的最大子集（应该是最小值的概率子集），$\Delta\alpha$ 为多重分形谱的宽度，其表示最大、最小奇异指数之差。$\Delta\alpha$ 可以用来表征系统多重分形程度的强弱，即 $\Delta\alpha$ 越大表示时间序列分布越不均匀，数据波动越剧烈，多重分形谱宽越大，强度越显著。谱函数 $f(\alpha)$ 的物理意义是表示相同 α 值的子集的分形维数。α_{max}、$f(\alpha_{max})$ 反映的是时间序列最大值子集的性质，α_{min}、$f(\alpha_{min})$ 反映的是时间序列最小值子集的性质。$f(\alpha)_{max}$ 和相应的 α_0 反映的是最或然子集的性质。对于 $\Delta f = f(\alpha_{min}) - f(\alpha_{max})$，其中 f_{min} 和 f_{max} 分别为最小值和最大值的概率子集分形维数；Δf 是最大概率与最小概率单元数目的比例，即时间序列处于波峰（最高）、波谷（最低）数目之间的比例。将多重分形谱分成左右两个部分（$\alpha = \alpha_0$），如果多分形谱的左端点 $[\alpha_{min}, f(\alpha_{min})]$ 明显低于右端 $[\alpha_{max}, f(\alpha)_{max}]$，即 $\Delta f < 0$，则顶点 $[\alpha_0, f(\alpha)_{max}]$ 右偏，即多重分形谱呈现右勾状，此时时间序列处于最低数值的概率比处于最高数值的概率大，时间序列有下降的趋势。如果多重分形谱的左端点 $[\alpha_{min}, f(\alpha_{min})]$ 明显高于右端 $[\alpha_{max}, f(\alpha)_{max}]$，即 $\Delta f > 0$，则顶点 $[\alpha_0, f(\alpha)_{max}]$ 左偏，即多重分形谱呈左勾状，此时时间序列处于较高值的概率比处于较低值的概率大，时间序列具有上升的趋势。因此，多重分形谱的形态是由时间序列演化系统内在特征决定的。

二、多重分形产生的原因

通常情况下，时间序列之所以具有多重分形特征主要是因为两方面的影响：一是时间序列的小波动和大波动在不同时间尺度下的持续影响，即长期持续性；二是时间序列极端值的尖峰胖尾概率分布特性（Bacry et al.，2000）。可通过两种方法确定多重分形特征的来源：一是通过替代方法，构造替代序列；二是通过随机重组方法，构造随机序列。

我们通过随机重组方法对原始序列进行随机处理，得到随机序列并计算出相应的 $h_{shuff}(q)$。由于数据随机重组过程破坏了原始时间序列的内在相关性，只保留了原始时间序列的非线性部分，因此随机序列能有效地检验长期持续性对多重分形特征的影响大小。替代序列是在原始序列的基础上进行多次相位随机化处理得到的，计算出相应的 $h_{surr}(q)$。替代处理将原始序列的非线性特征彻底清除了，仅保留其线性成分，因此可以有效检验尖峰胖尾分布对多重分形的贡献大小。我们假定长期持续性与尖峰胖尾的概率分布二者是相互独立存在的，那么长期持续性的影响强度可以被认为是：

$$h_{cor}(q) = h_{orig}(q) - h_{shuff}(q) \tag{3-16}$$

如果 $h_{cor}(q) > 0$，表明与原始序列相比，随机重组序列的多重分形强度降低了，此时我们可以说长期持续性对多重分形有影响，而极值尖峰胖尾分布的影响则被认为是：

$$h_{PDF}(q) = h_{orig}(q) - h_{surr}(q) \tag{3-17}$$

如果 $h_{PDF}(q) > 0$，则说明替换序列的多重分形强度与原始序列相比降低了，此时我们可以说极值尖峰胖尾分布对多重分形有影响。通过比较原始时间序列和重排时间序列及替换时间序列的 MF-DFA 结果，我们可以分析多重分形特征产生的原因：

（1）如果是极值尖峰胖尾的概率分布引起时间序列的多重分形特征，那么随机重组序列的多重分形不会使序列的重组受到影响，其多重分形强度等于其原始序列的多重分形强度，即 $h_{shuff}(q) = h_{orig}(q)$。换言之，替换序列的广义 Hurst 指数 $h_{surr}(q)$ 是个常数。

（2）如果是长期持续性引起时间序列的多重分形特征，则随机重组序列不会表现出多重分形特征，因为重组过程消除了原始序列内在的时间相关性，只保留原始序列的非线性部分，此时 $h_{shuff}(q) = 0.5$。

（3）如果是时间序列的长期持续性和极值尖峰胖尾的概率分布共同造成多重分形特征的形成，则随机重组序列与原始序列相比其广义 Hurst 指数显示出比较弱的多重分形特征，即 $h_{shuff}(q) < h_{orig}(q)$。

第三节　大气污染演化的长期持续性及生态影响

一、重灰霾期间大气污染物的持续性特征

我们利用 DFA，即 $q=2$ 时的 MF-DFA 来考察各污染物长期持续性的强弱，我们给出各污染物在双对数下的 $F(q=2，s)$ 与 s 关系图（见图 3-1）和各污染物 $logF(q=2，s)$ 与 $logs$ 的拟合直线斜率 Hurst 指数值（见表 3-1）。

由图 3-1 可知，九个站点的 CO、NO_2、O_3、PM10、PM2.5 和 SO_2 浓度序列 DFA 分析均呈现出较好的线性关系，原浓度序列随机重组和替代后可发现，六种污染物序列被随机重组后的 $h(2)$ 值大多接近 0.5，说明随机重组后的序列表现出很强的随机性，并且随机重组后的 $h(2)$ 值与原始序列相比变化很大，说明原始序列主要受长期持续性特征的影响；而六种污染物序列被替代后的 $h(2)$ 值大多接近 $h_{orig}(2)$ 的值，说明替代后的序列与原序列很接近，即原污染物浓度序列受尖峰胖尾影响不大。

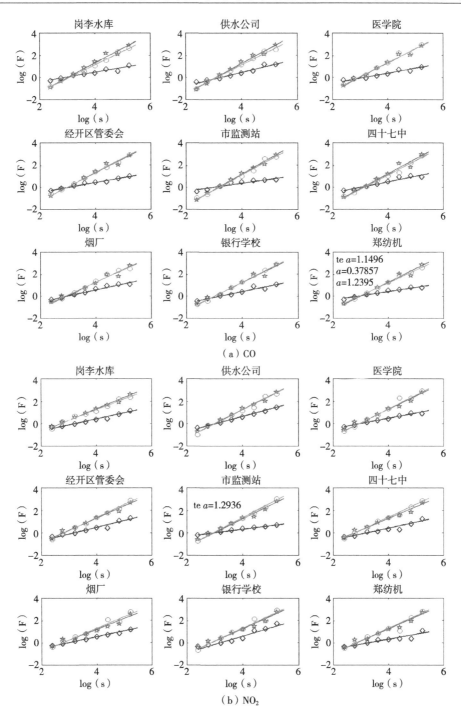

图3-1 双对数下各污染物的 $F(q=2, s)$ 与 s 关系

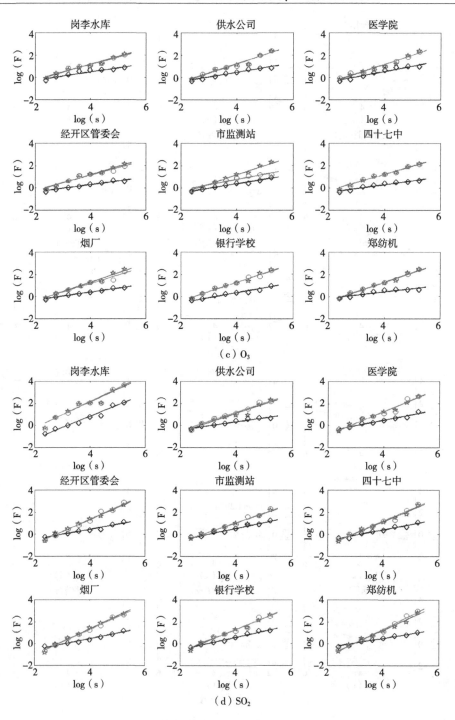

图 3-1 双对数下各污染物的 F(q=2，s) 与 s 关系（续）

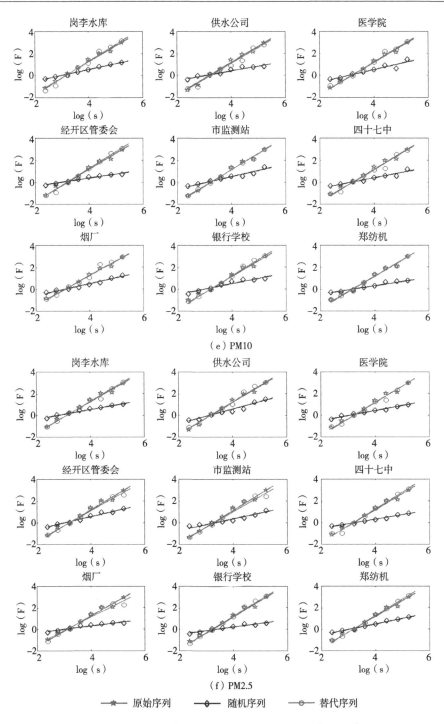

（e）PM10

（f）PM2.5

━★━ 原始序列　　　━◇━ 随机序列　　　━○━ 替代序列

图3-1　双对数下各污染物的F（q=2，s）与s关系（续）

表 3-1　各站点各污染物 Hurst 指数

站点	q = 2	CO	NO₂	O₃	PM10	PM2.5	SO₂
岗李水库	h_{orig}	1.322	1.023	0.705	1.444	1.416	0.588
	h_{shuff}	0.422	0.534	0.367	0.525	0.443	0.514
	h_{surr}	1.220	0.954	0.664	1.523	1.463	0.608
供水公司	h_{orig}	1.376	1.264	0.835	1.457	1.484	0.860
	h_{shuff}	0.609	0.670	0.416	0.433	0.672	0.367
	h_{surr}	1.266	1.255	0.817	1.441	1.502	0.851
医学院	h_{orig}	1.275	1.188	0.860	1.457	1.501	1.055
	h_{shuff}	0.452	0.466	0.483	0.365	0.468	0.490
	h_{surr}	1.251	1.233	0.829	1.515	1.513	1.081
经开区管委会	h_{orig}	1.268	1.081	0.738	1.457	1.471	1.108
	h_{shuff}	0.438	0.603	0.334	0.480	0.574	0.461
	h_{surr}	1.291	1.158	0.678	1.480	1.383	1.345
市监测站	h_{orig}	1.428	1.224	0.836	1.496	1.525	0.869
	h_{shuff}	0.360	0.316	0.407	0.563	0.533	0.535
	h_{surr}	1.372	1.294	0.477	1.465	1.415	0.887
四十七中	h_{orig}	1.334	1.044	0.731	1.481	1.484	1.061
	h_{shuff}	0.503	0.537	0.351	0.480	0.419	0.482
	h_{surr}	1.296	1.151	0.743	1.475	1.542	1.081
烟厂	h_{orig}	1.171	0.979	0.852	1.368	1.416	1.192
	h_{shuff}	0.542	0.528	0.360	0.552	0.310	0.510
	h_{surr}	1.118	1.044	0.768	1.361	1.250	1.155
银行学校	h_{orig}	1.242	1.121	0.852	1.460	1.510	1.049
	h_{shuff}	0.521	0.744	0.456	0.491	0.338	0.562
	h_{surr}	1.281	1.154	0.829	1.533	1.542	1.015
郑纺机	h_{orig}	1.240	1.086	0.870	1.459	1.466	1.174
	h_{shuff}	0.379	0.447	0.291	0.386	0.512	0.426
	h_{surr}	1.150	1.117	0.836	1.451	1.534	1.260
$h_{orig}(2)$的平均值	$Ave_{h_{orig}}$	1.295	1.112	0.809	1.454	1.475	0.995

由表 3-1 可以看出：所有的 $h_{orig}(2)>0.5$ 且多数都大于 1，即污染物时间序列表现出很强的长期持续性，表明在一定时间尺度内，污染物浓度序列在演化的

过程中，过去时刻的浓度对现在甚至未来的趋势都会有影响，揭示了在此次灰霾期间，郑州市各污染物浓度观测值与过去值呈现出相同的变化趋势，若过去污染物浓度值较大，则未来一段时间内所观测的相应污染物浓度值也较大，反之亦然。进一步研究发现，各个站点 $h_{orig}(2)$ 值最大的是 PM2.5（只有岗李水库站点的 $h_{orig}(2)$ 值比 PM10 的值略小，近似相等），其 $h_{orig}(2)$ 值大多数在 1.4~1.6 内波动，最大值达到了 1.525，接近布朗噪声，表明 PM2.5 在六种污染物中所具有的长期持续性最强，也间接表明了 PM2.5 的复杂性和顽固性。这说明灰霾系统的过去可以持续影响系统当前和未来的状态，这种相关性在一定时间尺度上存在长期持续性，同时这也是 PM2.5 浓度长期演化的内在动力学过程的宏观表现，因而 PM2.5 演化在时空上表现为不规则、非线性变化，具有复杂系统的基本特征（史凯，2014）。正是因为这种复杂性，使得灰霾期间 PM2.5 的演化往往很稳健，不易被破坏，这样可能使得各种灰霾期间的大气污染红色预警预案并不能奏效，即发生灰霾之后再开展人为干预似乎都没有任何效果。若将各污染物九个站点 $h_{orig}(2)$ 值取平均排序可得：PM2.5 为 1.475，PM10 为 1.454，CO 为 1.295，NO_2 为 1.112，SO_2 为 0.995，O_3 为 0.809，即在此次灰霾期间，PM2.5 和 PM10 表现出很强的长期持续性，CO 和 NO_2 的持续性也比较强，SO_2 和 O_3 相对较弱，但也都大于 0.5，具有长期持续性。O_3 相比之下长期持续性最弱，较为活泼，形成后易于与其他污染物发生反应，O_3 是一种强氧化剂，它在许多大气污染物的化学转化过程中起着重要作用。

二、大气污染持续性的空间分布规律

图 3-2 给出六种污染物 q=2 时的 Hurst 指数的空间分布。由图 3-2（a）和图 3-2（b）可知，CO 和 NO_2 的 $h_{orig}(2)$ 值呈现相近的趋势，即从西到东递减的趋势，并且都以烟厂为中心的周围地区最低，以市监测站和供水公司为中心的区域最高。这说明在西部地区 CO 和 NO_2 具有更强的持续性。由第二章图 2-1 可

知，郑州市西部是工业集中区且还有热电厂和热源厂，汽车西站也在此区域，郑州火车站也在附近地区，即该区域是机动车流量比较大的地方，导致该区域排放了更多的 CO 和 NO_2，源源不断的排放使得 CO 和 NO_2 更容易在灰霾系统中稳定，保持其长期持续性的状态，而烟厂、银行学校附近则为市中心，主要为学校和居民区，因此 CO 和 NO_2 更不容易聚集和长时间持续。

由图 3-2（c）可知，O_3 的 h_{orig}（2）值呈现由中西部向东部递减的趋势，整体上 O_3 的 h_{orig}（2）值较小，在空间上表现出与 CO 和 NO_2 既有相关性又略有不同的趋势。西部区域 O_3 的 h_{orig}（2）值也相对较高，最大值出现在郑纺机和医学院附近，CO 和 NO_2 是 O_3 气态前体物，CO 和 NO_2 在郑纺机和医学院附近的持续性较弱，一方面跟浓度有关，另一方面该区域的 CO 和 NO_2 更多地发生化学反应生成了 O_3，导致 O_3 的浓度在此区域更高，因此更有利于其持续稳定性，这也是郑纺机和医学院附近 h_{orig}（2）值较大的原因。

由图 3-2（d）可知，SO_2 的 h_{orig}（2）值呈现由西北向东南递增的趋势，较高值出现在整个中、东、南大部分区域，这一大片区域包括了郑州市区的工业区、居民区等主要城市功能区，冬季是取暖燃煤季，是 SO_2 的高排放季节，因此该区域也是 SO_2 的高排放区，有利于 SO_2 的持续性和稳定性。另外，冬季多以北风为主导风向，所以使得 SO_2 更容易在下风位区域保持稳定性和持续性。

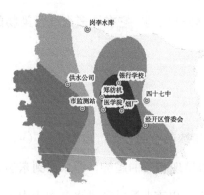

（a）CO的h_{orig}（2）空间分布　　　　（b）NO_2的h_{orig}（2）空间分布

图 3-2　各污染物 q＝2 时的 Hurst 指数空间分布

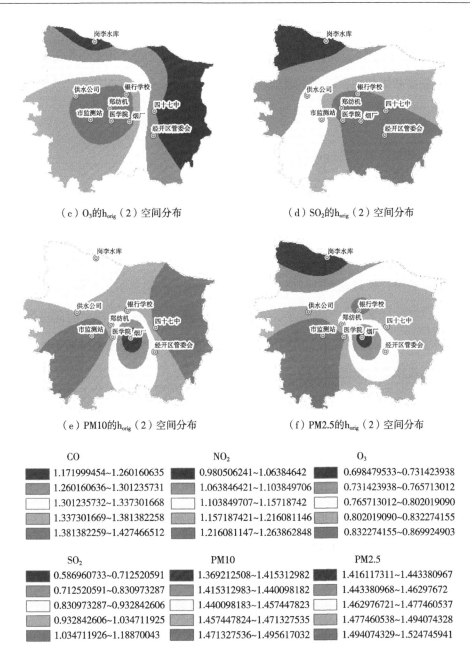

（c）O_3的h_{orig}（2）空间分布　　　　（d）SO_2的h_{orig}（2）空间分布

（e）PM10的h_{orig}（2）空间分布　　　　（f）PM2.5的h_{orig}（2）空间分布

CO	NO₂	O₃
1.171999454~1.260160635	0.980506241~1.063846642	0.698479533~0.731423938
1.260160636~1.301235731	1.063846421~1.103849706	0.731423938~0.765713012
1.301235732~1.337301668	1.103849707~1.15718742	0.765713012~0.802019090
1.337301669~1.381382258	1.157187421~1.216081146	0.802019090~0.832274155
1.381382259~1.427466512	1.216081147~1.263862848	0.832274155~0.869924903

SO₂	PM10	PM2.5
0.586960733~0.712520591	1.369212508~1.415312982	1.416117311~1.443380967
0.712520591~0.830973287	1.415312983~1.440098182	1.443380968~1.46297672
0.830973287~0.932842606	1.440098183~1.457447823	1.462976721~1.477460537
0.932842606~1.034711925	1.457447824~1.471327535	1.477460538~1.494074328
1.034711926~1.18870043	1.471327536~1.495617032	1.494074329~1.524745941

图3-2　各污染物 q=2 时的 Hurst 指数空间分布（续）

由图3-2（e）和图3-2（f）可知，PM10 和 PM2.5 也呈现类似的趋势，即东西两侧高、西北和中部地区较低的趋势。其实 PM10 和 PM2.5 整体 h_{orig}（2）值都比较大，PM10 的 h_{orig}（2）值在 1.3~1.5 内波动，PM2.5 的 h_{orig}（2）值在 1.4~1.6 内波动，即整体表现出很强的长期持续性特征，空间差异主要与工业集中区等高污染排放源相关，而市中心烟厂附近和西北岗李水库附近其持续性相对表现弱一些。

三、大气污染多重分形特征分析

利用 MF-DFA 方法对郑州市灰霾期间的六种污染物浓度原始序列及经过变换后的随机重组序列、替换序列进行分析。图 3-3 显示了灰霾期间郑州市九个监测站点六种污染物浓度序列及其变换序列广义 Hurst 指数 h(q)与 q 的关系图，从图中可以看出：各站点六种污染物浓度序列的 h_{orig}(q)明显不是常数，而是关于 q 的函数，随 q 的增大在不断减小，这说明重灰霾期间各污染物浓度时间序列存在较为明显的多重分形特征，其内在结构分布不均匀，单一分形模型是无法对其内在的本质规律进行精确描述的。尤其是对于 O_3，从图 3-3 中可以看出 q<0 时其h(q)值变化特别剧烈，说明在灰霾系统浓度小波动范围内具有很强的分形特征，影响比较大。另外，由图 3-3 还可以看出对于所有的 h_{orig}(q)都有 h_{orig}(q)>0.5，也表明了所有污染物序列呈长期持续性特征。图 3-3 中各站点六种污染物浓度序列被随机重组和替代后，几乎所有的 h_{shuff}(q)都接近 0.5 但不等于 0.5，几乎所有的 h_{surr}(q)都接近 h_{orig}(q)但不等于 h_{orig}(q)，这说明灰霾期间各污染物浓度序列的多重分形既受长期持续性的影响又受尖峰胖尾的影响，但主要受长期持续性影响，尖峰胖尾的影响并不大。

由式（3-10）可知，τ(q)是 q 的函数，如果污染物浓度序列是单一分形，那么 τ(q)关于 q 的图像是一条直线。如果污染物浓度序列是多重分形，则 τ(q)关于 q 的图像是一条向上凸的曲线。由于篇幅所限对于 q~τ(q)关系图和α~f(α)关系图，我们只列出此次灰霾的首要污染物 PM2.5 在各站点的曲线图予以说明。

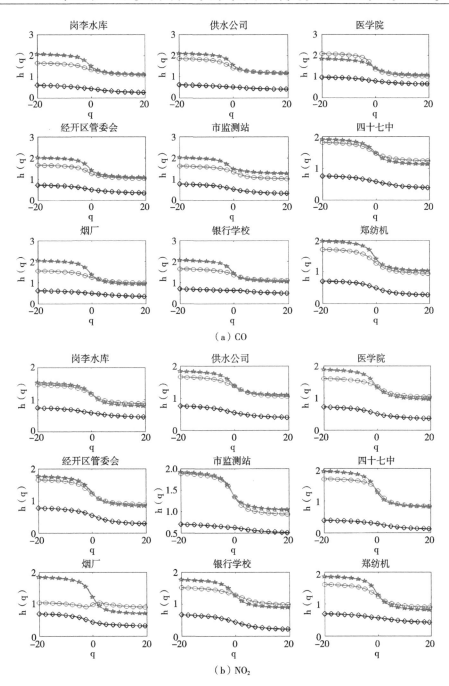

图3-3 郑州市九个自动监测站点各污染物的原始序列、随机序列和替代序列

MF-DFA 分析的 Hurst 指数的 q~h（q）变化关系

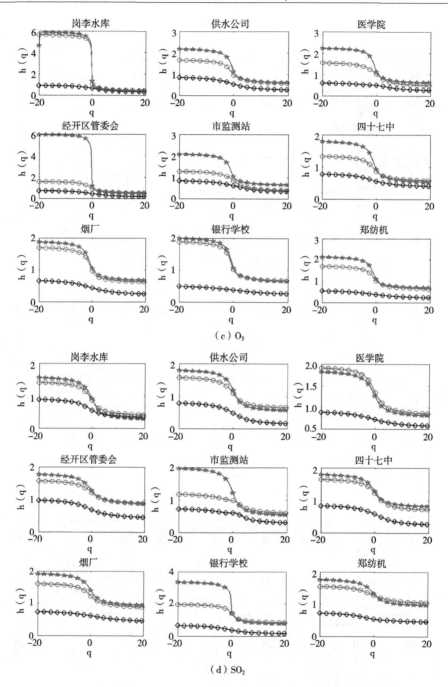

图3-3 郑州市九个自动监测站点各污染物的原始序列、随机序列和替代序列

MF-DFA 分析的 Hurst 指数的 q~h(q)变化关系(续)

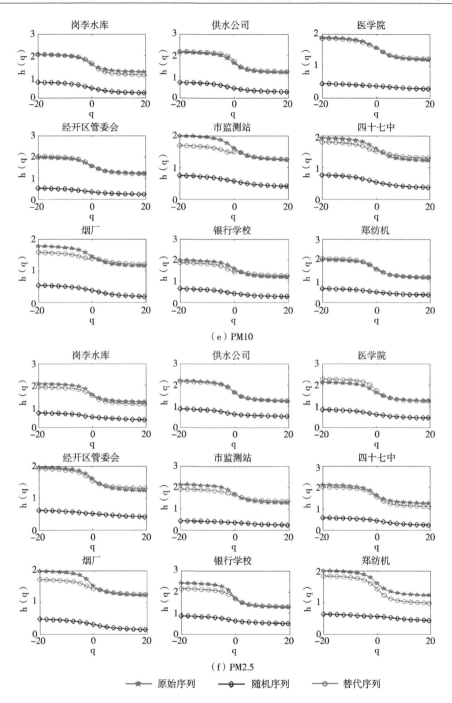

（e）PM10

（f）PM2.5

★ 原始序列   ◇ 随机序列   ○ 替代序列

图 3-3　郑州市九个自动监测站点各污染物的原始序列、随机序列和替代序列
MF-DFA 分析的 Hurst 指数的 q~h(q) 变化关系（续）

从图 3-4 可以看出，PM2.5 原始浓度序列 $\tau(q)$ 是一个上凸函数，$\tau(q)$ 关于 q 存在显著的非线性变化，说明灰霾期间各站点 PM2.5 污染物浓度序列具有多重分形特征，并且由图 3-4 中三条线的上凸情况可知，随机重组后线的上凸变化与原始序列的上凸变化差距更大，进一步说明长期持续性对 PM2.5 原始浓度序列的影响更大，与广义 Hurst 指数的分析相一致。其他五种污染物的 $q \sim \tau(q)$ 关系图也具有相同表现，可类似分析。

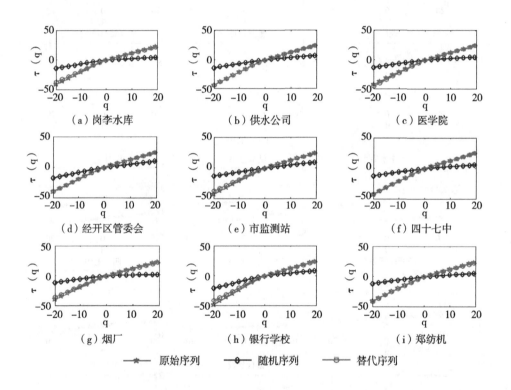

图 3-4　郑州市九个自动监测站点 PM2.5 污染物的原始序列、

随机序列和替代序列的 Hurst 指数 $q \sim \tau(q)$ 变化关系

从图 3-5 中各站点浓度原始序列的多重分形谱可以看出，九个站点的多重分形谱 $f(\alpha)$ 都是一条开口向下的抛物线形状的曲线，说明灰霾期间 PM2.5 浓度序列存在多重分形的特征，多重分形谱的宽度跨度越大表明多重分形特征越强。为了更清楚地考察各污染物的具体分形情况，这里我们将六种污染物的多重分形谱 $f(\alpha)$ 与奇异指数 α 的相关参数值一一列出，如表3-2所示。

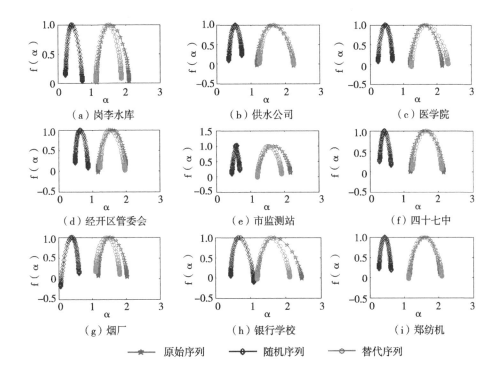

（a）岗李水库　　　　　（b）供水公司　　　　　（c）医学院

（d）经开区管委会　　　　（e）市监测站　　　　　（f）四十七中

（g）烟厂　　　　　　（h）银行学校　　　　　（i）郑纺机

—★— 原始序列　　　—◇— 随机序列　　　—○— 替代序列

图 3-5　郑州市九个自动监测站点 PM2.5 污染物的原始序列、

随机序列和替代序列的 Hurst 指数 $\alpha \sim f(\alpha)$ 变化关系

表 3-2　每个站点各污染物的 $\Delta\alpha_{orig}$、$\Delta\alpha_{shuff}$、$\Delta\alpha_{surr}$ 和 Δf_{orig} 值

站点	Δ 值	CO	NO$_2$	O$_3$	PM10	PM2.5	SO$_2$
岗李水库	$\Delta\alpha_{orig}$	1.071	0.823	49.077	0.936	0.962	1.384
	$\Delta\alpha_{shuff}$	0.284	0.431	0.917	0.422	0.491	0.753
	$\Delta\alpha_{surr}$	0.848	0.797	0.877	1.321	0.761	1.189
	Δf_{orig}	0.016	0.008	957.006	−0.023	−0.023	0.035

续表

站点	Δ 值	CO	NO$_2$	O$_3$	PM10	PM2.5	SO$_2$
供水公司	$\Delta\alpha_{orig}$	1.049	0.830	1.679	1.068	1.072	1.327
	$\Delta\alpha_{shuff}$	0.527	0.535	0.489	0.601	0.383	0.742
	$\Delta\alpha_{surr}$	0.757	0.948	1.174	0.727	0.997	0.893
	Δf_{orig}	0.010	0.078	0.079	-0.009	0.007	-0.030
医学院	$\Delta\alpha_{orig}$	0.862	1.026	1.711	0.812	0.974	1.114
	$\Delta\alpha_{shuff}$	0.407	0.385	0.485	0.597	0.433	0.478
	$\Delta\alpha_{surr}$	0.701	0.466	1.633	0.812	1.095	0.894
	Δf_{orig}	0.015	0.009	0.027	-0.123	0.018	0.072
经开区管委会	$\Delta\alpha_{orig}$	1.041	1.031	5.510	0.844	0.846	0.994
	$\Delta\alpha_{shuff}$	0.359	0.253	0.648	0.572	0.391	0.489
	$\Delta\alpha_{surr}$	0.685	1.052	1.303	0.737	0.747	0.852
	Δf_{orig}	0.006	-0.033	0.005	-0.097	-0.150	0.022
市监测站	$\Delta\alpha_{orig}$	0.840	0.978	1.520	0.859	0.962	1.532
	$\Delta\alpha_{shuff}$	0.563	0.540	0.624	0.119	0.230	0.641
	$\Delta\alpha_{surr}$	0.825	0.711	0.828	0.905	0.712	1.151
	Δf_{orig}	0.102	0.154	0.157	-0.034	-0.122	0.041
四十七中	$\Delta\alpha_{orig}$	0.884	1.198	1.355	1.355	0.972	1.073
	$\Delta\alpha_{shuff}$	0.400	0.491	0.437	0.437	0.334	0.811
	$\Delta\alpha_{surr}$	0.752	0.920	1.270	1.270	0.856	1.174
	Δf_{orig}	0.058	0.124	0.027	-0.074	0.011	-0.064
烟厂	$\Delta\alpha_{orig}$	1.235	1.235	1.291	0.737	0.858	1.063
	$\Delta\alpha_{shuff}$	0.484	0.484	0.386	0.337	0.539	0.351
	$\Delta\alpha_{surr}$	0.601	0.601	1.292	0.887	0.710	0.583
	Δf_{orig}	0.025	1.235	0.052	-0.024	0.020	-0.009
银行学校	$\Delta\alpha_{orig}$	1.119	0.979	1.452	0.929	1.250	2.699
	$\Delta\alpha_{shuff}$	0.537	0.554	0.333	0.444	0.666	0.536
	$\Delta\alpha_{surr}$	0.661	0.215	1.304	0.922	0.932	0.687
	Δf_{orig}	0.143	0.037	-0.044	-0.071	0.024	0.038
郑纺机	$\Delta\alpha_{orig}$	1.042	1.155	1.540	0.944	0.862	0.884
	$\Delta\alpha_{shuff}$	0.445	0.489	0.416	0.530	0.348	0.527
	$\Delta\alpha_{surr}$	0.527	0.910	1.202	0.940	0.963	0.354
	Δf_{orig}	0.103	-0.002	0.163	-0.070	-0.010	-0.015

续表

站点	Δ 值	CO	NO$_2$	O$_3$	PM10	PM2.5	SO$_2$
$\Delta\alpha_{orig}$ 的平均值	Ave$_{\Delta\alpha_{orig}}$	1.016	1.028	7.237	0.943	0.973	1.341
Δf_{orig} 的平均值	Ave$_{\Delta f_{orig}}$	0.053	0.179	106.386	-0.059	-0.025	0.010

由图 3-5 可知，灰霾期间，郑州市九个站点 PM2.5 浓度所对应的随机重组序列与原始序列相比，多重分形谱 α~f(α)曲线发生了变化；同时替代序列的多重分形谱 α~f(α)曲线也发生了变化，但相比之下，其变化没有随机重组序列多重分形谱 α~f(α)曲线变化大。由表 3-2 也可以清楚看到，O$_3$ 在岗李水库和经开区管委会分形特别大，尤其在岗李水库，其污染指数变化奇异性很大，说明在该地方 O$_3$ 污染指数波动很剧烈，波动分布的奇异性很大。

$\Delta\alpha_{shuff}$ 和 $\Delta\alpha_{surr}$ 值都大于 0，并且 $\Delta\alpha_{shuff}$ 值明显比 $\Delta\alpha_{surr}$ 值小，说明灰霾期间，六种污染物浓度的多重分形特征受长期持续性和尖峰胖尾二者共同的影响。但是长期持续性的影响更大。长期持续机制仍是污染物浓度多重分形特征的主要动力来源，这意味着一定时间尺度内，由于长期持续机制的影响，低浓度的污染物可能会再次演化为高浓度，导致再次出现较严重的灰霾污染天气。事实上郑州市在 2017 年 1 月又出现几次重灰霾天气，也证实了这一点。

为了定量描述一段时间内污染浓度发生大幅波动的多重分形特征，采用 Shimizu 等（2002）提出的用[α_0，f(α_0)]为顶点的二次函数来拟合多重分形，其形式为：

$$f(\alpha) = A(\alpha - \alpha_0)^2 + B(\alpha - \alpha_0) + C \tag{3-18}$$

其中，峰值 f(α)对应的 α 值记为 α_0，α_0 用来表征潜在过程的规则程度，α_0 越大说明波动越剧烈，即越不规则。B 为非对称系数，当 B=0 时多重分形谱的形状是对称的；当 B<0 时多重分形谱右偏，此时较高的分形指数占主导地位，污染浓度归一化指数较大的事件占优$\left(C_i = \dfrac{I_i}{\sum I_i}，I 是某一时刻的污染浓度 \right)$；当

B>0 时多重分形谱左偏，此时较低的分形指数占据主导地位。

由图 3-5 和表 3-2 可知，各站点大多数污染物多重分形谱的左端点[α_{min} ，f(α_{min})]高于右端点[α_{max} ，f(α_{max})]，即 Δf>0，表明污染物浓度处于最高浓度的概率比处于最低浓度的概率要大。但 PM10 在各站点多表现出左端点[α_{min} ，f(α_{min})]低于右端点[α_{max} ，f(α_{max})]，即 Δf<0，而 PM2.5 在岗李水库、经开区管委会、市监测站和郑纺机处也表现出左端点[α_{min} ，f(α_{min})]低于右端点[α_{max} ，f(α_{max})]，即 Δf<0，将 Δf 在九个站点做平均以后，发现只有 PM10 和 PM2.5 的 Δf<0(见图 3-6)，表明平均状态下 PM10 和 PM2.5 污染物浓度落在较低浓度的概率比落在较高浓度的概率要大。但 Δf<0 时，我们知道它们的 α～f(α) 谱曲线向右偏，此时计算式（3-18）中可得 B<0，说明 α_0 左侧奇异值的取值范围较大，污染指数较大的事件占更加主导的地位，其中伴随着局部下降的污染指数。这与此次灰霾发生时 PM10 和 PM2.5 污染物浓度随时间变化趋势有关。由第二章图 2-3 可知 PM10 和 PM2.5 出现快速上升和快速下降的趋势，整个图呈现尖峰状，即灰霾处在低浓度消散期的时间较长，因此 PM10 和 PM2.5 污染物浓度落在较低浓度的概率比落在较高浓度的概率要大一些。但整体来看，污染指数较大的事件比污染指数较小的事件占更加主导的地位。

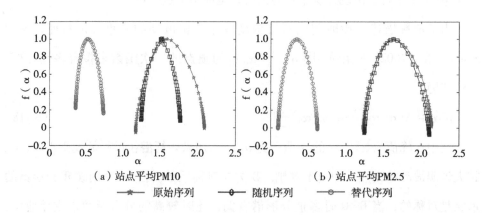

（a）站点平均PM10   （b）站点平均PM2.5

—★— 原始序列   —□— 随机序列   —○— 替代序列

图3-6 郑州市九个站点取平均后 PM10 和 PM2.5 污染物的

原始序列、随机序列和替代序列的 Hurst 指数 α~f(α) 变化关系

第四节　多重分形复杂特征对生态调控的指导意义

本章利用 MF-DFA 方法，系统研究了郑州市一次典型重灰霾期间六种污染物（CO、NO_2、O_3、PM10、PM2.5 和 SO_2）在九个自动监测站点的长期持续性和多重分形特性。当 $q=2$ 时，作为 MF-DFA 的一种特殊情况，利用经典的 DFA 方法，分析了各污染物长期持续性特征。研究结果显示九个站点的 CO、NO_2、O_3、PM10、PM2.5 和 SO_2 浓度序列 DFA 分析均呈现出较好的线性关系，原浓度序列被随机重组和替代后可以发现，六种污染物序列被随机重组后的 $h(2)$ 值大多接近 0.5，说明随机重组后的序列表现出很强的随机性，反过来也说明原始序列主要受长期持续性特征的影响；而六种污染物序列被替代后的 $h(2)$ 值大多接近 $h_{orig}(2)$ 的值，说明替代后的序列与原序列很接近，即原污染物浓度序列受尖峰胖尾影响不大。进一步研究发现，各个站点 $h_{orig}(2)$ 值最大的是 PM2.5，其 $h_{orig}(2)$ 值大多数在 1.4~1.6 之间波动，最大值达到了 1.525，接近布朗噪声，即 PM2.5 在六种污染物中所具有的长期持续性最强，这表明 PM2.5 具有复杂特性和顽固性，并且演化过程中表现出时空上的非线性、不规则变化，符合复杂生态系统的基本特征。在此次灰霾期间，PM2.5 和 PM10 的长期持续性最强，CO 和 NO_2 也具有较明显的持续性，而 SO_2 和 O_3 的持续性相对较弱，但仍大于 0.5，体现了其长期性。值得注意的是，O_3 具有最低的长期持续性，说明其生成后更容易与其他污染物发生化学反应。作为一种强氧化剂，O_3 在大气污染物的化学转化中起着重要作用，而其长期性特点不仅与污染物自身特性有关，也受到外部条件的显著影响。例如，城市不同功能分区的污染物排放量及其时空分布，与污染物的持续性高度相关；气象条件的变化也会显著影响污染物的生成、扩散和停留时间。因此，本章进一步结合空间插值方法，分析了不同区域污染物长期持续性的空间差异，从而得出更具有指导意义的结果。这不仅为相关政府部门优化污染治理措施和城市规划提供了科学依据，也为制定区域生态调控策略提供了有力支持。

在研究长期持续性的基础上，本章进一步利用 MF-DFA 方法揭示了典型灰霾期间各污染物浓度序列的多重分形特性。结果表明，各污染物浓度序列均存在显著的多重分形特征，单一分形模型无法准确刻画其复杂的内在规律。通过随机重组与替代序列的分析发现，各污染物序列的重组序列和替代序列的 Hurst 指数均接近但不等于 0.5，这进一步证明多重分形特性既受到长期持续性特征的影响，也受到尖峰胖尾现象的影响，但主要由长期持续性主导，尖峰胖尾的影响相对较弱。通过多重分形谱特征的进一步解析，发现 CO、NO_2、O_3 和 SO_2 分形谱的左端点高于右端点，说明高浓度污染的发生概率高于低浓度污染。对九个监测站点的 PM10 和 PM2.5 污染物分形谱取平均后发现，其右端点高于左端点，表明其在低浓度区的发生概率略高于高浓度区。然而，尽管在某些时间区间内 PM10 和 PM2.5 的污染指数出现局部下滑，但其左端奇异值的范围较大，说明污染事件的高强度（高污染浓度）占据了主导地位，与当次灰霾期间 PM10 和 PM2.5 污染物浓度的时间演化趋势一致。从整体来看，PM10 和 PM2.5 的高污染事件（高污染指数）在此次灰霾中占据了显著的主导地位，这表明它们在区域空气质量恶化中是主要驱动因了。结合以上结果，本章通过多重分形特性的揭示，进一步阐明了不同污染物复杂变化的内在规律，为灰霾治理中 PM2.5 和 PM10 的精准调控提供了科学依据，同时也为多尺度生态调控提供了理论和技术支持。

第四章　生态城市建设中大气污染与气象影响要素的相关性研究

第一节　引言

在第三章中，我们利用 DFA 和 MF-DFA 理论，研究了大气污染物的长期持续性及多重分形特征，揭示了单一污染物时间序列的非线性动力学行为。然而，大气污染的形成与演化不仅依赖于污染物自身的特性，还受到气象条件（如风速、温度、湿度等）的显著影响。因此，为了全面理解大气污染系统的复杂性，必须进一步考察各污染物之间及各污染物与气象因素之间的相关性。这种相关性研究不仅有助于揭示污染物与气象条件的相互作用机制，还能为生态城市的污染调控提供科学依据。

为了量化非平稳时间序列之间的互相关性，Podobnik 和 Stanley 于 2008 年将 DFA 方法拓展为消除趋势互相关分析法（Detrended Cross-Correlation Analysis, DCCA）。DCCA 方法能够有效分析两个非平稳时间序列之间的长期互相关性，克服了传统相关性分析方法在非平稳数据中的局限性。随后，为了揭示更高维度的两个时间序列的多重分形特征，Zhou 在 MF-DFA 和 DCCA 方法的基础上提出了多重分形消除趋势互相关分析法（Multifractal Detrended Cross-Correlation Analysis，MF-DCCA）。MF-DCCA 方法不仅能够量化两个时间序列之间的互相关性，还能揭示其多重分形特性，为研究复杂系统的非线性相互作用提供了强有力的工具。DCCA 和 MF - DCCA 方法已广泛应用于金融数据（Zhou，2008；Cottet et al.，2004）、交通流量（Podobnik et al.，2009；Campillo and Paul，2003；Hajian and Movahed，2009）、太阳黑子数量、河流波动（He and Chen，2011）及气象数据（He and Chen，2011）等多个领域，展现了其在不同学科中的普适性和有效性。

本章采用 DCCA 和 MF-DCCA 方法，研究郑州市大气污染物之间及各污染物与气象因素之间的相关性。由于 MF-DCCA 是 DCCA 的推广，因此类似于第三章的处理方式，我们将 DCCA 作为 MF-DCCA 的一种特殊情况，包含在 MF-DCCA 方法中进行介绍。具体而言，本章将重点分析 PM2.5、PM10、CO、NO_2、O_3、SO_2 主要污染物之间的互相关性，以及它们与风速、温度、湿度等气象要素的多重分形特征。通过量化这些相关性，我们可以揭示污染物与气象条件之间的相互作用机制，为生态城市的污染调控提供科学依据。

通过分析 PM2.5 与风速、温度、湿度的相关性，可以揭示气象条件对 PM2.5 浓度变化的驱动作用。低风速和高温高湿条件通常不利于污染物的扩散，可能导致 PM2.5 浓度升高；而强冷空气的到来则可能促进污染物的扩散，改善空气质量。此外，通过研究 NO_2 与 O_3 的相关性，可以揭示光化学反应在二次污染物生成中的作用，为制定针对性的减排措施提供理论支持。本章通过 DCCA 和 MF-DCCA 方法，量化污染物与气象要素之间的相关性，揭示其多重分形特征，这不仅为理解大气污染与气象条件之间的复杂关系提供了新的视角，还为生态城市的污染调控提供了科学依据。

第二节　多重分形消除趋势互相关分析法
（MF-DCCA）

MF-DCCA 方法有五大步骤。

第一步，考虑长度为 N 时间序列 $\{x_i\}$、$\{y_i\}$，构建累积序列：

$$X(i) = \sum_{m=1}^{i} (x_m - \langle x \rangle) , \quad Y(i) = \sum_{m=1}^{i} (y_m - \langle y \rangle) \tag{4-1}$$

其中，$i = 1, 2, \cdots, N$，$\langle x \rangle = \dfrac{1}{N} \sum_{m=1}^{N} x_m$，$\langle y \rangle = \dfrac{1}{N} \sum_{m=1}^{N} y_m$。

第二步，将累积序列 $X(i)$ 和 $Y(i)$ 划分成 N_s 个等长度为 s 的互不重叠的盒子，$N_s = \text{int} \left(\dfrac{N}{s} \right)$，由于 N 有可能不是 s 的整数倍，所以累积序列尾部会有部分剩余数据不进行计算。计算时为了顾及剩余数据，可以从累积序列的尾部重复这一划分过程，于是共得到 $2N_s$ 个小盒子。

第三步，利用最小二乘法拟合每个小盒子中的累积序列，从而计算得到 $2N_s$ 个盒子的局部趋势 $x_v(i)$ 和 $y_v(i)$，然后计算其整体消除趋势多元协方差：

$$\begin{cases} F_v(s) \equiv \dfrac{1}{s} \sum_{i=1}^{s} \left| X[(v-1)s+i] - x_v(i) \right| \left| Y[(v-1)s+i] - y_v(i) \right| , \ v = 1, 2, \cdots, N_s \\[3mm] F_v(s) \equiv \dfrac{1}{s} \sum_{i=1}^{s} \left| X[N-(v-N_s)s+i] - x_v(i) \right| \left| Y[N-(v-N_s)s+i] - y_v(i) \right| , v = N_s+1, N_s+2, \cdots, 2N_s \end{cases}$$

$$\tag{4-2}$$

第四步，计算 q 阶波动函数：

$$
\begin{cases}
F(q, s) \equiv \left\{ \dfrac{1}{2N_s} \displaystyle\sum_{v=1}^{2N_s} |F_v(s)|^{\frac{q}{2}} \right\}^{\frac{1}{q}}, & q \neq 0 \\[2ex]
F(q, s) = \exp\left\{ \dfrac{1}{4N_s} \displaystyle\sum_{v=1}^{2N_s} \ln|F_v(s)| \right\}, & q = 0
\end{cases}
\tag{4-3}
$$

第五步，如果时间序列 $\{x_i\}$ 是长程幂律相关的，则 $F(q, s)$ 与 s 在双对数坐标下呈幂律关系：

$$F(q, s) \sim s^{h(q)} \tag{4-4}$$

其中，$h(q)$ 称为 q 阶广义的 Hurst 指数，可通过计算双对数下 $F(q, s)$ 与 s 的关系图的斜率得到。如果 $h(q)$ 关于 q 是常数，即时间序列的每一段消除趋势后的 q 阶波动 $|F_v(s)|^{\frac{q}{2}}$ 相同，则时间序列的局部结构是一致均匀的，说明该时间序列是单分形的；如果 $h(q)$ 的值随着 q 是变化的，则该时间序列的局部结构并非一致均匀的，说明存在多重分形。不同的 q 描述不同程度的波动对 $F(q, s)$ 的影响。当 q<0 时，波动函数 $F(q, s)$ 的大小受小波动偏差 $F_v(s)$ 的影响较大，此时 $h(q)$ 描述了小幅波动的尺度行为。当 q>0 时，波动函数 $F(q, s)$ 的大小受大波动偏差 $F_v(s)$ 的影响较大，此时 $h(q)$ 描述了大幅波动的尺度行为。

更具体地讲，若广义 Hurst 指数 $h(q)>0.5$，表明两序列之间是正相关的，即一个变量若存在一个大（小）的增量则其他变量也会跟着有一个大（小）的增量；若 $h(q)<0.5$，表明两序列之间是反相关的，即一个变量若存在一个大（小）的增量则其他变量会跟着有一个大（小）的递减；若 $h(q)-0.5$，表明序列之间没有相关性，即一个变量的变化对其他变量没有任何影响。

特别地，当 q=2 时，MF-DCCA 就退化为 DCCA 方法。$h(2)$ 即为长程互相关的标度指数，其存在于特定的标度区间，定量地表征了两个序列之间的互相关性。$h(2)=0.5$ 表明两个序列之间无长程互相关性，即其中一个序列的变化趋势对另一个序列的变化趋势不产生任何影响。$h(2)>0.5$ 表明两个序列之间存在幂律形式的正互相关性，即若一个序列在一段时间内呈现增长（或减少）的趋势，则另一个序列也呈现增长（或减少）的趋势，并且h(2)越大它们之间的长程互相关性越强。h(2)<0.5则表明两个序列之间存在负（反）互相关性，即若一个序列在一段时间内呈现增长（或减少）的趋势，则另一个序列呈现减少（或增长）的趋势。

第三节　大气污染与影响要素之间的相关性分析

一、大气污染要素之间的相关性分析

我们利用DCCA，即q=2时的MF-DCCA方法来考察各污染物之间的互相关性，考虑到PM2.5为此次灰霾的首要污染细颗粒物，也是灰霾的直接表现物质；而O_3是大气中氧化性很强的物质，又是氮氧化物等污染气体的二次生成物，与其他气体关系密切，因此我们这里只对PM2.5和O_3分别与CO、NO_2、PM10和SO_2四种污染物的相关性进行重点分析。需要说明的是，这里我们对各污染物指数在九个站点都取了平均值。下面我们给出PM2.5和O_3与其他污染物在双对数下的F(q=2，s)与s关系图，如图4-1所示。

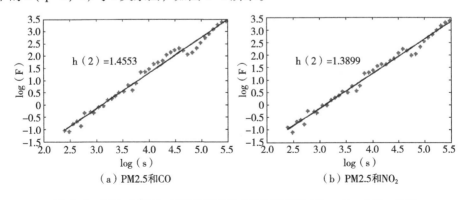

（a）PM2.5和CO　　　　　（b）PM2.5和NO_2

图4-1　PM2.5和O_3与其他污染物在双对数下的F(q=2，s)与s关系

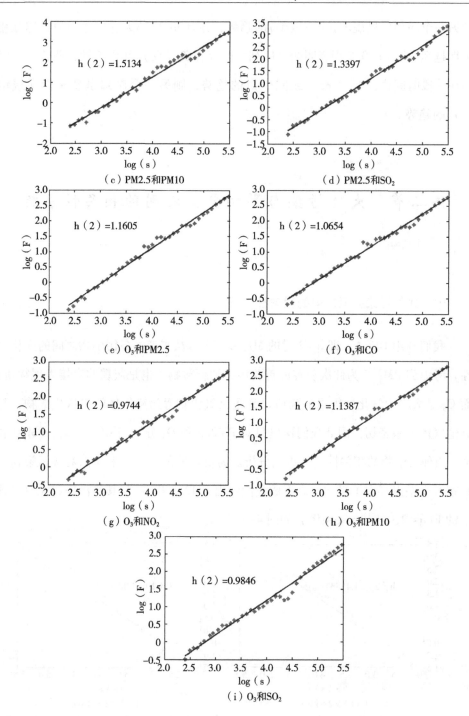

图4-1　PM2.5和O_3与其他污染物在双对数下的$F(q=2, s)$与s关系（续）

由图 4-1 和表 4-1 可知，PM2.5 和 O_3 分别与 CO、NO_2、PM10 和 SO_2 四种污染物的 DCCA 相关指数 h（2）均大于 0.5，即它们之间存在幂律形式的正互相关性，即若一个序列在一段时间内呈现增长（或减少）的趋势，则另一个序列也呈现增长（或减少）的趋势。由图 4-1 可以看出，PM2.5 与 O_3、CO、NO_2、PM10 和 SO_2 的 DCCA 相关指数 h（2）分别为 1.1605、1.4553、1.3899、1.5134 和 1.3397，所有指数值均大于 1，说明重灰霾期间 PM2.5 与这五种污染物的相关性非常强。其中，PM2.5 与 PM10 之间竟达到 1.5143，即 PM2.5 与 PM10 的相关指数最大，这是显而易见的，PM10 包含 PM2.5，它们关系最密切，尤其在此次灰霾期间，PM10 所包含的主要颗粒是 PM2.5，因此相关性最强。CO 与 PM2.5 的相关性也很强，其 h（2）值达到了 1.4553。结合第二章的图 2-3 也可以看出，CO 与 PM2.5 也有类似的升降趋势，并且它们污染物浓度值几乎同时达到了最大，说明颗粒物 PM2.5 的浓度升降与 CO 污染物浓度的升降有很大的相关性，因此其 DCCA 相关指数 h（2）值也很大。同时，PM2.5 与 NO_2 和 SO_2 的相关性标度指数分别为 1.3899 和 1.3397，由第二章图 2-3 中也可直观得出它们的相关性也较强。

表 4-1　PM2.5 和 O_3 与其他污染物 DCCA 标度指数 h（q=2）

项目	q=2	CO	NO_2	O_3	PM10	PM2.5	SO_2
PM2.5	h	1.4553	1.3899	1.1605	1.5134	—	1.3397
O_3	h	1.0654	0.9744	—	1.1387	1.1605	0.9846

O_3 与 CO、NO_2、PM10、PM2.5 和 SO_2 的 DCCA 相关指数 h（2）分别为 1.0654、0.9744、1.1387、1.1605 和 0.9846，均大于 0.5，表明 O_3 与其他五种污染物之间也存在正互相关性，即若一个序列在一段时间内呈现增长（或减少）的趋势，则另一个序列也呈现增长（或减少）的趋势。其中，O_3 与 PM2.5 的相关性最强，说明 O_3 浓度升高，则会引起 PM2.5 的浓度升高，它们相

互影响。另外，O_3 与 NO_2 虽然也呈正相关性，但 NO_2 是 O_3 气态前体物，O_3 的生成会在一定程度上引起 NO_2 浓度的降低，但由于是在冬季，光化学反应不强，NO_2 的转化率比较低，再加上冬季是燃煤季，反而会增加 NO_2 的排放，使得整体上 NO_2 转化为 O_3 的量远远小于其排放量，因此 NO_2 会促使 O_3 的升高，而自己并不会因此呈现降低的趋势，只不过升高的速度会放慢一些，这也是相比之下 O_3 与 NO_2 的相关性标度指数较低的原因。

总之，PM2.5、O_3 与 CO、NO_2、PM10 和 SO_2 污染物的 DCCA 相关指数 h(2) 均大于 0.5，即它们之间存在正互相关性，这也进一步说明灰霾期间这些污染物之间是一个相互影响的复杂系统，尤其是 O_3、CO、NO_2 和 SO_2 四种气态污染物是 PM2.5 的气态前体物，与 PM2.5 之间的关系密切，它们浓度的升高总体上会加重 PM2.5 的浓度升高，从而引起更严重的灰霾天气。

二、气象要素对大气污染扩散的关联性分析

由于此次典型灰霾期间的具体气象条件所限，我们只考虑各污染物与风速、气温和湿度之间的关系。由图 4-2 至图 4-4 可知，此次灰霾期间各污染物与风速、气温和湿度的 DCCA 相关性标度指数 h(2) 均大于 0.5，即它们均呈正相关关系。

由表 4-2 可知，首先，各污染物与风速呈正相关关系，这与灰霾期间风速较小有关，这几天风速最大的仅为 6.1m/s，风速多在 0~3m/s，即以轻风为主。平均风速小、小风日数多，易造成污染物在近地面层积聚，因此整体风速较小反而会有利于各污染物的堆积和升高，不易扩散，这会加重污染。风向和风速对于一个城市的空气污染并不总是起决定性作用的，尤其当城市空气污染较严重时，它们很有可能不起作用，或作用不大。其次，各污染物与气温呈正相关关系，气温升高、平均风速降低等各种因素都不利于污染物的扩散。此次灰霾期间，在污染物浓度达到最高时气温也达到最高，冷空气的推迟到来，气温的升

高，有利于污染物浓度的聚集升高。最后，相对湿度大，也是一个导致灰霾产生的重要气象因素。相对湿度大易造成污染物吸湿增长，从而加速污染物的化学转化，并且湿度大也使得空气中污染物不容易扩散。因此，各污染物与湿度呈正相关关系。

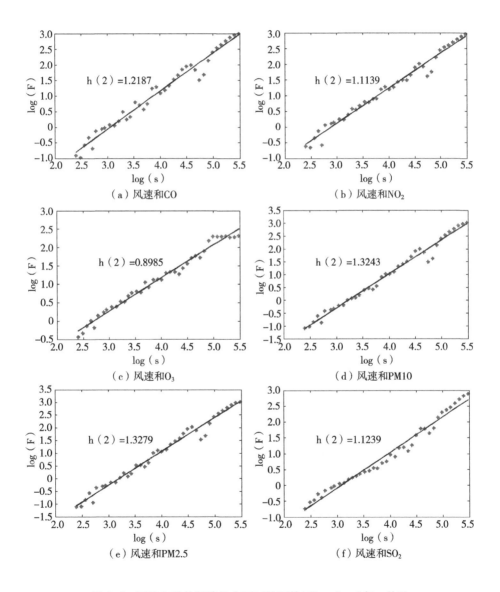

（a）风速和CO　　（b）风速和NO₂　　（c）风速和O₃　　（d）风速和PM10　　（e）风速和PM2.5　　（f）风速和SO₂

图4-2　风速与其他污染物在双对数下的 F（q=2，s）与 s 关系

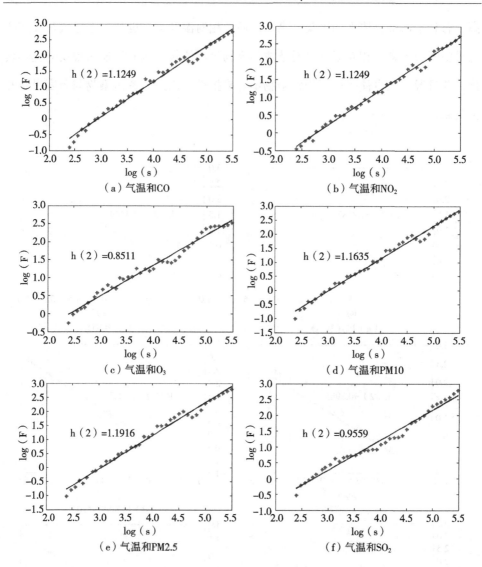

图4-3 气温与其他污染物在双对数下的 F(q=2，s) 与 s 关系

进一步由表4-2横向比较来看，在灰霾天气中，各污染物与风速相关性由强到弱排列为 PM2.5>PM10>CO>SO₂>NO₂>O₃；各污染物与气温的相关性由强到弱排列为 PM2.5>PM10>CO=NO₂>SO₂>O₃；各污染物与湿度的相关性由强到弱排列为 PM2.5>PM10>CO>NO₂>SO₂>O₃。气象各要素与PM2.5、PM10、CO的相关性

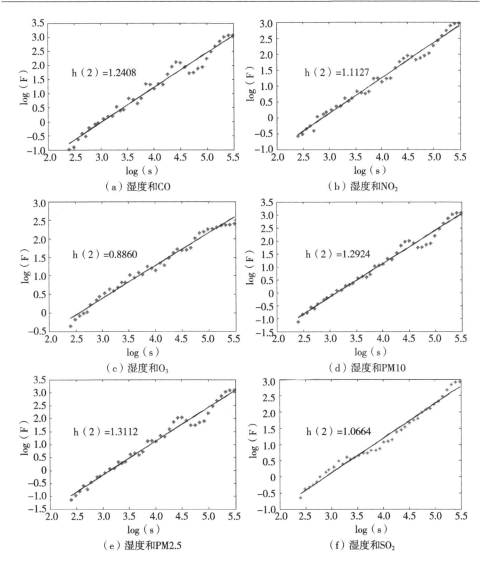

图 4-4   湿度与其他污染物在双对数下的 F (q=2，s) 与 s 关系

都较强，与 O_3 的相关性都最弱，而风速与 SO_2 的相关性比 NO_2 更强一些，气温和湿度与 SO_2 的相关性比 NO_2 更弱一些。由表 4-2 纵向比较来看，对于风速、气温和湿度三种类型的气候因素，PM2.5、PM10、SO_2、O_3 与风速的相关性最强，NO_2 与气温的相关性最强，CO 与湿度的相关性最强。

表 4-2　气象要素与其他污染物 DCCA 标度指数 h(q=2)

气象要素	q=2	CO	NO$_2$	O$_3$	PM10	PM2.5	SO$_2$
风速	h	1.2187	1.1139	0.8985	1.3243	1.3279	1.1239
气温	h	1.1249	1.1249	0.8511	1.1635	1.1916	0.9559
湿度	h	1.2408	1.1127	0.8860	1.2924	1.3112	1.0664

第四节　大气污染多重分形特征及影响驱动机制

一、大气污染交互作用的多重分形特征分析

图 4-5（a）给出了灰霾期间郑州市 PM2.5 分别与 CO、NO$_2$、O$_3$ 和 SO$_2$ 之间 MF-DCCA 分析的 q~h（q）变化关系，图 4-5（b）给出了 O$_3$ 分别与 CO、NO$_2$ 和 SO$_2$ 之间 MF-DCCA 分析的 q~h（q）变化关系。从图 4-5 可以看出：PM2.5、O$_3$ 与其他污染物之间相关性的 h$_{orig}$（q）明显不是常数，是关于 q 的函数，随 q 的增大在不断减小，这说明重灰霾期间 PM2.5、O$_3$ 与其他污染物之间的相关性存在较为明显的多重分形特征。由图 4-5 还可以看出对于所有的 h（q）都有 h（q）>0.5，表明所有污染物和气象要素之间都是正相关的。

图 4-6（a）给出了灰霾期间郑州市 PM2.5 分别与 CO、NO$_2$、O$_3$ 和 SO$_2$ 之间 MF-DCCA 分析的多重分形谱 α~f（α）变化关系，图 4-6（b）给出了 O$_3$ 分别与 CO、NO$_2$ 和 SO$_2$ 之间 MF-DCCA 分析的多重分形谱 α~f（α）变化关系。从图 4-8 中各站点浓度原始序列的多重分形谱可以看出，所有两两序列之间关系的多重分形谱 f（α）都是开口向下的抛物线形状的曲线，也说明 PM2.5、O$_3$ 与其他污染物之间的相关性存在多重分形的特征，多重分形谱的宽度跨度越大表明多重分形特征越强。

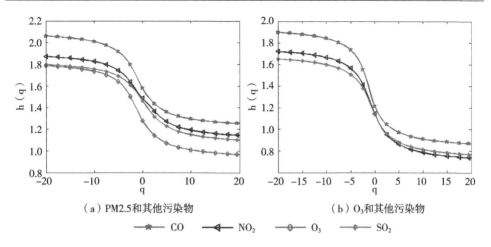

（a）PM2.5和其他污染物　　　　　（b）O₃和其他污染物

$$\blacktriangleright \!\!-\!\!\blacktriangleright\ CO \qquad \blacktriangleleft\!\!-\!\!\blacktriangleleft\ NO_2 \qquad \ominus\!\!-\!\!\ominus\ O_3 \qquad \divideontimes\!\!-\!\!\divideontimes\ SO_2$$

图 4-5　PM2.5、O₃ 与其他污染物的 q~h(q) 变化关系

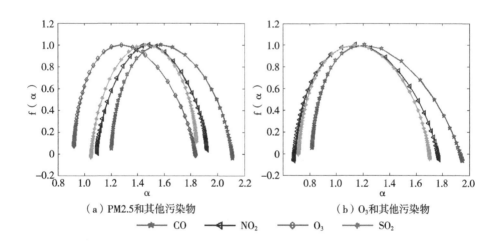

（a）PM2.5和其他污染物　　　　　（b）O₃和其他污染物

$$\blacktriangleright \!\!-\!\!\blacktriangleright\ CO \qquad \blacktriangleleft\!\!-\!\!\blacktriangleleft\ NO_2 \qquad \ominus\!\!-\!\!\ominus\ O_3 \qquad \divideontimes\!\!-\!\!\divideontimes\ SO_2$$

图 4-6　PM2.5、O₃ 与其他污染物的 α~f(α) 变化关系

　　为了更清楚地考察 PM2.5、O₃ 与其他各污染物之间相关性的具体分形情况，这里我们将它们的多重分形谱 f(α) 与奇异指数 α 的相关参数值一一列出，如表 4-3 所示。

表 4-3　PM2.5、O_3 与其他各污染物之间相关性的 α_{min}、α_{max}、$\Delta\alpha$ 和 Δf 值

项目	变量	CO	NO_2	O_3	SO_2
PM2.5	α_{min}	1.205	1.094	0.9207	1.049
	α_{max}	2.113	1.921	1.837	1.842
	$\Delta\alpha$	0.908	0.827	0.916	0.793
	Δf	0.088	−0.027	0.732	−0.140
O_3	α_{min}	0.819	0.683	—	0.716
	α_{max}	1.952	1.773	—	1.703
	$\Delta\alpha$	1.133	1.090	—	0.987
	Δf	0.122	−0.010	—	0.043

由表 4-3 可知，在 PM2.5—CO、PM2.5—NO_2、PM2.5—O_3 和 PM2.5—SO_2 中属 PM2.5—O_3 之间的 $\Delta\alpha$ 值最大，说明这两个污染物之间的分形特征更强，波动更剧烈。PM2.5—CO 和 PM2.5—O_3 分形谱呈左勾状，即 $\Delta f>0$，说明 PM2.5—CO 和 PM2.5—O_3 在每组两污染物相关的前提下浓度指数同时落在较高值的概率大于落在较低值的概率，有同时上升的趋势；PM2.5—NO_2 和 PM2.5—SO_2 分形谱呈右勾状，即 $\Delta f<0$，说明 PM2.5—NO_2 和 PM2.5—SO_2 在每组两污染物相关的前提下浓度指数同时落在较低值的概率大于落在较高值的概率，有同时下降的趋势。这表明 CO 和 O_3 上升从而 PM2.5 浓度上升的概率更大；NO_2 和 SO_2 浓度下降引起 PM2.5 浓度下降的概率更大，当然 NO_2 和 SO_2 同样也会引起 PM2.5 浓度上升，说明此次灰霾的发生及消散与 NO_2 和 SO_2 更有关系。冬季是燃煤季，灰霾的发生跟 SO_2 和 NO_2 的排放有直接关系，SO_2 和 NO_2 浓度的降低引起灰霾消散的概率更大，对灰霾消散会产生更大的效果。

在 O_3—CO、O_3—NO_2 和 O_3—SO_2 中，O_3—CO、O_3—NO_2 相关性都比较强，说明这两组的分形强度更大一些。O_3—CO 和 O_3—SO_2 的分形谱呈左勾状，即 $\Delta f>0$，说明 O_3—CO 和 O_3—SO_2 在每组两污染物相关的前提下浓度指数同时落在较高值的概率大于落在较低值的概率，有同时上升的趋势；O_3—NO_2 分形谱呈右

勾状，即 $\Delta f < 0$，说明 O_3—NO_2 在两污染物相关的前提下浓度指数同时落在较低值的概率大于落在较高值的概率，有同时下降的趋势。这表明 CO 和 SO_2 浓度的上升引起 O_3 浓度上升的概率更大。而 NO_2 浓度下降引起 O_3 浓度下降的概率更大。当然 NO_2 同样也会引起 O_3 浓度上升，但 O_3 浓度的下降与 NO_2 浓度的降低更有关系，因为 NO_2 是 O_3 的气态前体物，它可以在光化学反应下生成 O_3，NO_2 浓度降低引起 O_3 浓度降低的概率更大。

二、气象条件对大气污染多重分形结构的驱动机制

图 4-7 给出了灰霾期间郑州市 CO、NO_2、O_3、PM2.5 和 SO_2 与风速、湿度和气温之间 MF-DCCA 分析的 $q \sim h(q)$ 变化关系。从图 4-7 中可以看出：CO、NO_2、O_3、PM2.5 和 SO_2 与风速、湿度和气温之间 MF-DCCA 分析的 $h_{orig}(q)$ 明显不是常数，是关于 q 的函数，随 q 的增大在不断减小，这说明重灰霾期间 CO、NO_2、O_3、PM2.5 和 SO_2 与风速、湿度和气温之间的相关性存在较为明显的多重分形特征。

由图 4-7 中还可以看出对于所有的 $h(q)$ 都有 $h(q) > 0.5$，表明每对序列之间都是正相关的。

图 4-8 给出了灰霾期间郑州市 CO、NO_2、O_3、PM2.5 和 SO_2 与风速、湿度和气温之间 MF-DCCA 分析的多重分形谱 $\alpha \sim f(\alpha)$ 变化关系。从图 4-8 中各站点浓度原始序列的多重分形谱可以看出，所有两两序列之间关系的多重分形谱 $f(\alpha)$ 都是开口向下的抛物线形状的曲线，也说明 PM2.5、O_3 与其他污染物之间的相关性存在多重分形的特征，多重分形谱的宽度跨度越大表明多重分形特征越强。

为了更清楚地考察 CO、NO_2、O_3、PM2.5 和 SO_2 与风速、湿度和气温之间相关性的具体分形情况，这里我们将它们的多重分形谱 $f(\alpha)$ 与奇异指数 α 的相关参数值一一列出，如表 4-4 所示。

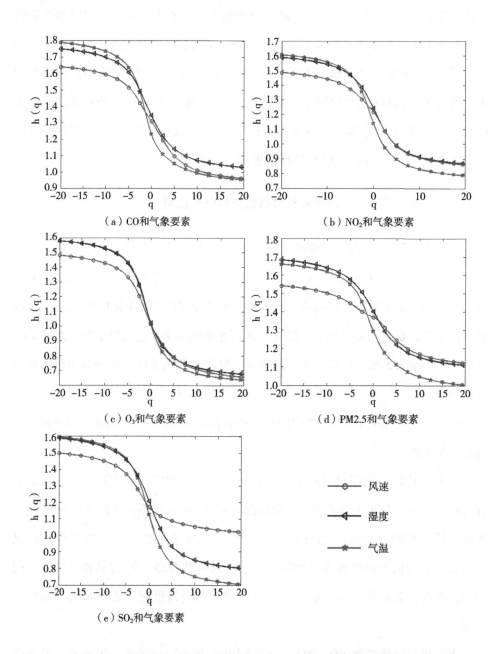

（a）CO和气象要素

（b）NO₂和气象要素

（c）O₃和气象要素

（d）PM2.5和气象要素

（e）SO₂和气象要素

图4-7 CO、NO₂、O₃、PM2.5 和 SO₂ 分别与风速、湿度和气温

之间 MF-DCCA 分析的 q~h(q) 变化关系

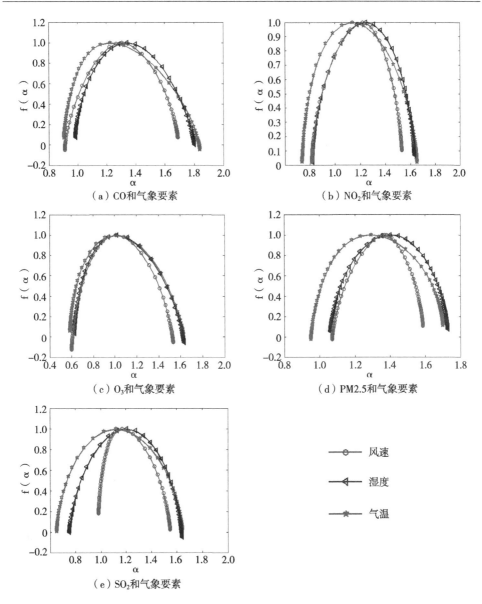

（a）CO和气象要素　　　　（b）NO₂和气象要素

（c）O₃和气象要素　　　　（d）PM2.5和气象要素

（e）SO₂和气象要素

风速
湿度
气温

图4-8　CO、NO₂、O₃、PM2.5和SO₂分别与风速、湿度和气温

之间MF-DCCA分析的α~f（α）变化关系

由表4-4横向分析可知CO、NO₂、O₃、PM2.5和SO₂与风速、气温和湿度之间属O₃与风速、湿度和气温之间的Δα值最大，说明O₃与风速、湿度和气温之间的分形特征更强，波动更剧烈。风速与 CO、NO_2、O_3、PM2.5 之间的分形谱都呈右勾状，即 $\Delta f < 0$，说明在两两相关的前提下风速与 CO、NO_2、O_3、PM2.5 浓度指数同时落在较高值的概率小于同时落在较低值的概率，这表明风速越大引起 CO、NO_2、O_3、PM2.5 浓度越高的概率更小，反过来就是小风速更有可能引起 CO、NO_2、O_3 和 PM2.5 近地面积聚而浓度升高，然而大风速更有可能引起 CO、NO_2、O_3、PM2.5 浓度降低。风速与 SO_2 分形谱呈左勾状，即 $\Delta f > 0$，说明风速与 SO_2 浓度指数同时落在较高值的概率大于同时落在较低值的概率。这说明在这次灰霾期间，风速越大反而整体上越有可能使得 SO_2 聚集升高，这与本次灰霾的最大风速（6.1m/s）也不大相关，即这次灰霾的风速整体上不利于 SO_2 浓度的降低，但此次灰霾的最大风速对其他污染物的降低起到了一定的积极作用。

表 4-4　气象要素与其他污染物之间相关性的 α_{min}、α_{max}、$\Delta\alpha$ 和 Δf 值

气象要素	变量	CO	NO_2	O_3	PM2.5	SO_2
风速	α_{min}	0.909	0.813	0.599	1.070	0.979
	α_{max}	1.688	1.529	1.532	1.586	1.546
	$\Delta\alpha$	0.779	0.716	0.933	0.516	0.567
	Δf	-0.120	-0.082	-0.075	-0.130	0.156
气温	α_{min}	0.905	0.738	0.588	0.951	0.655
	α_{max}	1.841	1.654	1.627	1.703	1.645
	$\Delta\alpha$	0.936	0.835	1.039	0.752	0.990
	Δf	0.118	0.003	0.042	-0.137	-0.010
湿度	α_{min}	0.983	0.819	0.627	1.062	0.752
	α_{max}	1.801	1.632	1.632	1.728	1.642
	$\Delta\alpha$	0.818	0.813	1.005	0.666	0.890
	Δf	0.073	-0.049	0.088	-0.025	0.050

气温与 CO、NO_2、O_3 之间的分形谱都呈左勾状，即 $\Delta f > 0$，表明在两两相关的前提下气温与污染物浓度指数同时落在较高值的概率大于同时落在较低值的概

率，有同时上升的趋势，表明气温的升高引起 CO、NO$_2$、O$_3$ 浓度升高的概率更大。气温与 PM2.5 和 SO$_2$ 之间的分形谱都呈右勾状，即 $\Delta f < 0$，表明在两两相关的前提下气温与 PM2.5 和 SO$_2$ 浓度指数同时落在较高值的概率小于同时落在较低值的概率，说明气温的降低引起 PM2.5 和 SO$_2$ 的浓度降低的概率更大。气温的降低整体上会更有可能使得 PM2.5 和 SO$_2$ 的浓度下降，有利于灰霾的消散。湿度与 CO、O$_3$、SO$_2$ 之间的分形谱都呈左勾状，即 $\Delta f > 0$，表明在两两相关的前提下湿度与污染物浓度指数同时落在较高值的概率大于同时落在较低值的概率，有同时上升的趋势，表明湿度增大则 CO、O$_3$、SO$_2$ 浓度升高的概率增大。湿度与 NO$_2$、PM2.5 之间的分形谱都呈右勾状，即 $\Delta f < 0$，表明在两两相关的前提下湿度与污染物浓度指数同时落在较高值的概率小于同时落在较低值的概率，表明湿度降低引起 NO$_2$、PM2.5 浓度降低的概率更大。湿度的降低整体上更有可能使得 PM2.5 和 NO$_2$ 的浓度下降，也有利于灰霾的消散。

由表 4-4 纵向分析可知，风速、气温和湿度与 CO、NO$_2$、O$_3$、PM2.5 和 SO$_2$ 之间属气温与各污染物之间的 $\Delta \alpha$ 值最大，说明气温与各污染物的分形特征更强，波动更剧烈。这表明气温对污染物的影响更大一些。

第五节　大气污染多重分形驱动机制与生态治理的关联性

本章利用 MF-DCCA 方法，对郑州市一次重灰霾期间典型污染物之间及其与气象要素之间的相关性进行了深入分析。当 $q = 2$ 时，MF-DCCA 退化为经典的 DCCA 方法，用于分析各污染物及其与气象要素之间的互相关性。研究发现，PM2.5 和 O$_3$ 分别与 CO、NO$_2$、PM10 和 SO$_2$ 四种污染物之间存在幂律形式的正互相关性，并且相关性非常强。其中，PM2.5 与 PM10 的相关指数最大，表明两者之间的相关性最强。O_3 与 CO、NO_2、PM10、PM2.5 和 SO_2 五种污染物之间也存在正互相关性，其中 O_3 与 PM2.5 的相关性最强，说明 O_3 浓度升高会显著影响 PM2.5 的浓度，两者之间存在显著的相互影响关系。此外，PM2.5、O_3 与 CO、NO_2、PM10 和 SO_2 污染物的 DCCA 相关指数 h(2) 均大于 0.5，表明它们之间存在幂律形式的正互相关性，进一步证实了灰霾期间这些污染物之间构成了一个相互影响的复杂系统。特别是 O_3、CO、NO_2 和 SO_2 作为 PM2.5 的气态前体物，其浓度的升高会显著加剧 PM2.5 的浓度上升，从而引发更严重的灰霾天气。

此次灰霾期间，各污染物与风速、气温和湿度均呈正相关关系。平均风速较小、小风日数较多，容易导致污染物在近地面层积聚，因此整体风速较小反而有利于污染物的堆积和浓度升高，不利于扩散，从而加重污染。对于城市或地区的空气污染而言，风向和风速并不总是决定性因素，尤其是在城市空气强污染期间，其作用可能较小甚至不明显。气温升高和平均风速降低等因素均不利于污染物的扩散。我国秋冬季大气污染物的扩散与西伯利亚高压和大范围强冷空气南下密切相关。在此次灰霾期间，污染物浓度达到最高时，气温也达到最高值，冷空气的推迟到来和气温的升高有利于污染物浓度的聚集和升高。相对湿度较大时，雾的形成会加剧污染物的吸湿增长，加速污染物的化学转化，同时湿度较大也会使空气中的污染物不易扩散，因此各污染物与湿度呈正相关关系。进一步分析发现，在灰霾天气中，气象要素与 PM2.5、PM10、CO 的相关性较大，而与 O_3 的相关性最小。风速与 SO_2 的相关性比 NO_2 更大，而气温和湿度与 SO_2 的相关性比 NO_2 更小。对于风速、气温和湿度三种气象要素，PM2.5、PM10、SO_2、O_3 与风速的相关性最大，NO_2 与气温的相关性最大，CO 与湿度的相关性最大。

本章进一步分析了各污染物及其与气象要素之间的多重分形特征。研究结果表明在 PM2.5—CO、PM2.5—NO_2、PM2.5—O_3 和 PM2.5—SO_2 中属 PM2.5—O_3 之间的 $\Delta\alpha$ 值最大，说明这两个污染物之间的分形特征更强，波动更剧烈。通

过对 Δf 符号的正负分析，进一步揭示了两两污染物之间的相关关系：CO 和 O_3 浓度的上升更可能引起 PM2.5 浓度上升；而 NO_2 和 SO_2 浓度的下降更可能引起 PM2.5 浓度下降，尽管 NO_2 和 SO_2 也可能导致 PM2.5 浓度上升。这表明此次灰霾的发生与消散与 NO_2 和 SO_2 的关系更为密切。冬季是燃煤高峰期，灰霾的发生与 SO_2 和 NO_2 的排放直接相关，SO_2 和 NO_2 浓度的降低更可能促进灰霾的消散，对改善空气质量具有显著效果。在 O_3—CO、O_3—NO_2 和 O_3—SO_2 中，O_3—CO 和 O_3—NO_2 的相关性较强，表明这两组污染物之间的多重分形特征更为显著。通过对 Δf 符号的正负分析，发现 CO 和 SO_2 浓度的上升更可能引起 O_3 浓度上升，而 NO_2 浓度的下降更可能引起 O_3 浓度下降。尽管 NO_2 也可能导致 O_3 浓度上升，但 O_3 浓度的下降与 NO_2 浓度的降低关系更为密切，因为 NO_2 是 O_3 的气态前体物，在光化学反应中会生成 O_3，因此 NO_2 浓度的降低更可能引起 O_3 浓度的下降。

本章还研究了污染物与气象要素之间的多重分形强度。结果表明，在重灰霾期间，CO、NO_2、O_3、PM2.5 和 SO_2 与风速、湿度和气温之间的相关性存在较为明显的多重分形特征，并且所有污染物和气象要素之间均呈正相关。通过比较多重分形强度值 Δα，发现 O_3 与风速、湿度和气温之间的分形特征更强，波动更为剧烈。通过对符号 Δf 的正负分析，发现小风速更可能引起 CO、NO_2、O_3 和 PM2.5 在近地面的积聚和浓度升高；气温的升高更可能引起 CO、NO_2 和 O_3 浓度的升高，而气温的降低更可能引起 PM2.5 和 SO_2 浓度的下降，即气温的降低整体上更有利于 PM2.5 和 SO_2 浓度的下降，从而促进灰霾的消散；湿度的增加更可能引起 CO、O_3 和 SO_2 浓度的升高，而湿度的降低更可能引起 NO_2 和 PM2.5 浓度的下降，即湿度的降低整体上更有利于 PM2.5 和 NO_2 浓度的下降，从而有助于灰霾的消散。综合来看，气温对此次灰霾污染物的影响更为显著。

本章的研究揭示了大气污染多重分形驱动机制与生态治理的紧密关联性。通过分析污染物之间的多重分形特征及其与气象要素的相互作用，为生态治理提供了科学依据。例如，针对 NO_2 和 SO_2 在灰霾消散中的重要作用，可通过优化工业排放控制和推广清洁能源等措施，有效降低其浓度，从而改善空气质量。此外，气象要素（如风速、气温和湿度）的多重分形特征分析为生态城市规划提供了重要参考，如通过优化城市通风廊道设计和绿化带布局，增强污染物的扩散能力，从而提升城市生态系统的韧性。

第五章 面向生态城市的大气污染耦合演化空间分布特征研究

第一节 引言

    大气污染是一个复杂的多污染物耦合系统，其演化过程不仅涉及单一污染物的时间序列特性，还包含多种污染物之间的相互作用及其空间分布特征。传统的 DFA 和 MF-DFA 方法主要用于研究单一非平稳时间序列的统计特性，而 DCCA 和 MF-DCCA 方法则用于研究一维或更高维度的两个时间序列之间的多重分形行为。然而，现实中的大气污染系统往往涉及多种污染物（如 PM2.5、PM10、CO、NO_2、O_3、SO_2 等）之间的复杂相互作用，仅分析其中两个序列的方法难以全面揭示多污染物耦合演化的内在规律，也无法提供关于更多序列的完整信息。因此，急需一种能够同时考虑多参数耦合关系的分析方法，以更全面地揭示大气污染系统的复杂性和空间分布特征。

    本章采用 Hedayatifar 等于 2011 年提出的 CDFA 方法，研究郑州市典型重灰霾污染天气中六种主要污染物（CO、NO_2、O_3、PM2.5、PM10、SO_2）之间的耦合关系。CDFA 方法能够量化各污染物之间的耦合相关强度及其对灰霾动力系统的贡献大小，为揭示多污染物耦合演化的内在机制提供了新的工具。与传统的单序列或双序列分析方法相比，CDFA 方法能够同时考虑多种污染物的相互作用，从而更全面地反映污染系统的复杂性。此外，本章首次将空间插值与 CDFA 方法相结合，通过分析各污染物耦合贡献的空间分布特征，挖掘更有意义的空间知识信息，具有较强的创新性。

具体而言，本章通过 CDFA 方法量化了六种污染物在灰霾期间的耦合强度及其对系统的贡献，并结合克里金插值方法，绘制了各污染物耦合贡献的空间分布图。这种空间分析方法不仅能够揭示污染物在不同区域的分布规律，还能识别关键污染源及其空间影响范围，为生态城市的空间规划提供科学依据。例如，通过分析 PM2.5 与 NO_2、SO_2 的耦合贡献空间分布，可以识别交通排放和工业源对 PM2.5 浓度的主要贡献区域，从而制定针对性的减排措施。此外，结合气象条件和城市功能布局，本章还探讨了污染物耦合演化的空间异质性及其对灰霾形成与消散的影响。

本章的研究为理解大气污染物耦合演化的空间分布特征提供了新的视角，同时也为生态城市的污染调控提供了科学依据。通过 CDFA 方法与空间插值的结合，研究不仅揭示了多污染物耦合关系的复杂性，还为未来相关研究提供了一种新的思路。例如，基于 CDFA 方法的分析结果，可以进一步构建多污染物耦合网络，研究污染物之间的协同作用及其空间传播路径，从而为生态城市的污染预警和调控提供更精准的支持。

第二节　耦合消除趋势波动分析法（CDFA）

一、CDFA 方法

为了揭示郑州市 CO、NO_2、O_3、PM10、PM2.5 和 SO_2 不同空气污染物的多

重分形特征，本章采用 Hedayatifar 等提出的 CDFA 方法。

第一步，考虑长度为 N 的 n 个时间序列 $\{x_m^1, \cdots, x_m^j, \cdots, x_m^n\}$，其中 m 是每个时间序列的第 m 个成员。构建累积序列：

$$X^j(i) = \sum_{m=1}^{i} (x_m^j - \langle x^j \rangle) \tag{5-1}$$

其中，$i = 1, 2, \cdots, N$，$j = 1, 2, \cdots, n$，$\langle x^j \rangle = \dfrac{1}{N} \sum_{m=1}^{N} x_m^j$。

第二步，将累积序列 $X^j(i)$ 划分成 N_s 个等长度为 s 的互不重叠的盒子，$N_s = \text{int}\left(\dfrac{N}{s}\right)$，由于 N 有可能不是 s 的整数倍，因此累积序列尾部会有部分剩余数据不进行计算。计算时为了考虑这部分剩余数据，可以从累积序列的尾部重复这一划分过程，因此共得到 $2N_s$ 个小盒子。

第三步，利用最小二乘法拟合每个小盒子中的累积序列，从而计算得到 $2N_s$ 个盒子的局部趋势 $x_v^j(i)$，然后计算其整体消除趋势多元协方差：

$$\begin{cases} F_v(s) \equiv \dfrac{1}{s} \sum_{i=1}^{s} \prod_{j=1}^{n} |X^j[(v-1)s+i] - x_v^j(i)|, & v = 1, 2, \cdots, N_s \\[3mm] F_v(s) \equiv \dfrac{1}{s} \sum_{i=1}^{s} \prod_{j=1}^{n} |X^j[N-(v-N_s)s+i] - x_v^j(i)|, & v = N_s+1, N_s+2, \cdots, 2N_s \end{cases} \tag{5-2}$$

第四步，计算 q 阶波动函数：

$$\begin{cases} F_{x^1, \cdots, x^n}(q, s) \equiv \left\{ \dfrac{1}{2N_s} \sum_{v=1}^{2N_s} |F_v(s)|^{\frac{q}{n}} \right\}^{\frac{1}{q}}, & q \neq 0 \\[3mm] F_{x^1, \cdots, x^n}(q, s) = \exp\left\{ \dfrac{1}{2nN_s} \sum_{v=1}^{2N_s} \ln|F_v(s)| \right\}, & q = 0 \end{cases} \tag{5-3}$$

第五步，如果时间序列 $x_m^1, \cdots, x_m^j, \cdots, x_m^n$ 是长程幂律相关的，则 $F_{x_m^1, \cdots, x_m^n}(q, s)$ 与 s 在双对数坐标下呈幂律关系：

$$F_{x_m^1, \cdots, x_m^n}(q, s) \sim s^{h_{x_m^1, \cdots, x_m^n}(q)} \tag{5-4}$$

其中，$h_{x_m^1,\cdots,x_m^n}(q)$是对所有序列 CDFA 的广义标度指数，可通过计算双对数下 $F_{x_m^1,\cdots,x_m^n}(q, s)$ 与 s 点集的拟合直线斜率得到。当 n = 1 时（即只考虑一个序列）且 q = 2 时表示的是标准差。当 n = 2 时（即考虑两个序列）且 q = 2 时为 DCCA 方法，两个序列的标准差 $\sigma = \sqrt{\sigma_1 \sigma_2}$ 可由式（5-3）得到。如果 $h_{x_m^1,\cdots,x_m^n}(q)$ 关于 q 是常数，则耦合关系是单分形的，如果它的值随着 q 是变化的则存在多重分形。更具体地讲，若 $h_{x_m^1,\cdots,x_m^n}(q)>0.5$，表明序列之间的耦合相关关系是正相关的，即一个变量若存在一个大（小）的增量则其他变量也会跟着一起有一个大（小）的增量；若 $h_{x_m^1,\cdots,x_m^n}(q)<0.5$，表明序列之间的耦合相关关系是反相关的，即一个变量若存在一个大（小）的增量则其他变量会跟着有一个大（小）的递减；若 $h_{x_m^1,\cdots,x_m^n}(q)=0.5$，表明序列之间没有耦合相关性，即一个变量的变化对其他变量没有任何影响。h(q)对 q 的显著依赖性表示小波动和大波动的不同标度行为。对于正值 q，标度指数 h(q)表示累积序列大波动的标度行为；对于负值 q，标度指数 h(q)表示小波动的标度行为。一般而言，对于多重分形时间序列而言，小波动特征也具有一个大的标度指数。因此，多重分形提供了关于时间序列中存在的各种分形指数的相对重要性的信息。时间序列多重分形的强度可以表征为：

$$\Delta h = h_{max}(q) - h_{min}(q) \tag{5-5}$$

其中，Δh 是广义 Hurst 指数 h(q)的范围。Δh 越大，多重分形的强度越强，反之亦然（Telesca and Lapenna，2006）。

二、多重分形的贡献来源

我们对时间序列多重分形行为的性质感兴趣。一般来说，时间序列的多重分形主要有两个来源（Kantelhardt et al.，2003；Shi et al.，2013）。一个来源于大、小波动不同的互相关性，另一个来源于变化的胖尾概率分布。随机重组程序（重组数据）和相位随机程序（替代数据）是找到多重分形两种贡献来源的主要来源（Kwapien et al.，2005）。随机重组过程可以破坏时间相关性但保持原始数据的分布不变，由于所有长期相关性都被随机重组序列破坏，随机重组时间序列将表现出单分形标度，因此随机重组程序可以用来研究互相关性对多重分形的贡献。为了研究胖尾分布对多重分形的贡献，可使用替代数据。相位随机程序可以消除分布的非高斯性，只保留原始序列的线性特性。

根据 Hedayatifar 等提出的卡方统计检验方法，我们可以量化长期记忆性或胖尾概率分布对耦合多重分形的贡献：

$$\chi_\diamond^2(Y) = \sum_{i=1}^{N} \frac{[h(q_i) - h_\diamond^Y(q_i)]^2}{\sigma(q_i)^2 + \sigma_\diamond^Y(q_i)^2} \tag{5-6}$$

$$\begin{cases} \sigma(q) = \left\{ \dfrac{1}{N} \sum_{i=1}^{N} \prod_{j=1}^{n} |X^j(i) - \langle X^j \rangle|^{\frac{q}{n}} \right\}^{\frac{1}{q}}, \quad q \neq 0 \\[4mm] \sigma(q) = \exp\left\{ \dfrac{1}{nN} \sum_{i=1}^{N} \ln\left(\prod_{j=1}^{n} |X^j(i) - \langle X^j \rangle| \right) \right\}, \quad q = 0 \end{cases} \tag{5-7}$$

符号"◇"可以替换为"随机重组"或"相位随机"，Y 表示已经随机重组或替代后的序列。一般情况下，耦合存在于不同的时刻 q。这里，h(q)表示的是所有原始时间序列进行 CDFA 后的广义标度指数，而 $h_\diamond^Y(q)$ 表示的是仅当序列 Y 被随机重组或替代后进行 CDFA 的广义标度指数。σ(q)表示时刻 q 的广义标准差的扩展，并且 $\sigma_\diamond^Y(q_i)$ 表示当且仅当序列 Y 相对应于"◇"被随机重组或替代后进行 CDFA 的 σ(q)。因此，$\chi_\diamond^2(Y)$ 给出仅当序列 Y 被随机重组或替代后 h(q)与 $h_\diamond^Y(q)$ 被 $\sigma(q_i)^2 + \sigma_\diamond^Y(q_i)^2$ 标准化后的偏差。在这里，利用此检验，我们想测试在耦合系统中一个序列对其他序列的影响。$\chi_\diamond^2(Y)$ 的值越大，由概率密度函数（PDF）或相关性引起的序列 Y 与其他序列耦合度越强，即序列 Y 的多重分形对其他(n-1)个原始序列的多重分形影响越大。式（5-6）可以表征不同时刻 q 的耦合度。

当考虑两个以上的多个时间序列时，扩展 $\chi^2(Y)$ 检验是有意义的。当我们研究不同序列之间的耦合度时，知道一个序列与其他序列耦合中所占的贡献是非常有用的。当这些序列其中的一个序列被随机重组，则该序列的自相关性及该序列与其他序列之间的交叉相关性就消失了，当这些序列其中的一个序列被替代，则该序列的概率密度函数（PDF）被改变了。因此，这个序列的耦合受到影响。为了量化序列 Y 在其他序列耦合中的贡献，我们可以利用局部检验如下：

$$\overline{\chi}_\diamond^2(Y) = 100 \cdot \chi_\diamond^2(Y)/\chi_\diamond^2(all) \tag{5-8}$$

其中，"all"意思为所有序列都被随机重组或替代，"◇"所指的是随机重组或替代，而 $\chi_\diamond^2(all)$ 的定义如下：

$$\chi_\diamond^2(all) = \sum_{i=1}^{N} \frac{[h(q_i) - h_\diamond^{all}(q_i)]^2}{\sigma(q_i)^2 + \sigma_\diamond^{all}(q_i)^2} \tag{5-9}$$

其给出 CDFA 的最大偏差及耦合度的全局关系。在这里，$h_\diamond^{all}(q_i)$ 表示的是当所有序列都被随机重组或替代后进行 CDFA 分析的广义标度指数。

第三节　大气污染系统耦合演化特征分析

为了探索耦合相关性的特征和程度，我们采用 CDFA 方法量化六个空气污染因子之间的耦合相关性。由图 5-1 可见，对于图 5-1（a）六个原始污染时间序列、图 5-1（b）六个污染时间序列随机重组及图 5-1（c）六个替代污染时间序列，三类序列的波动函数 $F_{x_m^1, \cdots, x_m^n}(q, s)$ 与时间标度 s 呈幂律相关关系。

可以看出图 5-1（b）的三维曲面比图 5-1（a）的曲面更加褶皱不平滑，并且在 y 轴方向，图 5-1（a）的曲面比图 5-1（b）的曲面整体上由上下两边向中间压缩。从图 5-1（b）还可看出，对于不同的 q，$\ln[F_{x_m^1, \cdots, x_m^n}(q, s)]$ 相对于时间标度 $\ln(s)$ 的标度指数 h（q）值都在 0.5 附近，这证实了随机重组序列破坏了时间相关性但保留原始数据的分布不变这一结论。相比之下，图 5-1（c）中的曲面比图 5-1（b）中的曲面变得更加平滑，没有被挤压或拉伸，这

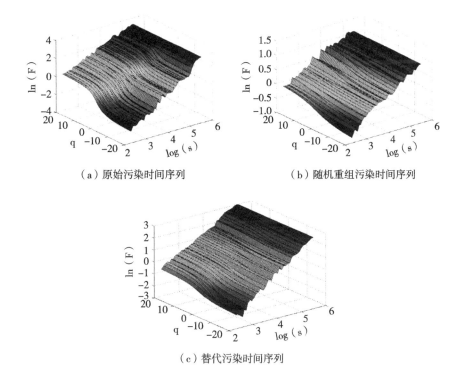

（a）原始污染时间序列　　　　　（b）随机重组污染时间序列

（c）替代污染时间序列

图 5-1　波动函数 $\ln(F_{x_m^1,\cdots,x_m^n}(q,s))$、$\ln(s)$ 与时刻 q 的三维曲面

意味着替代序列保留了时间相关性但改变了原始序列的概率密度分布。

接下来我们想知道，各污染序列是否存在多重分形特征？这些时间序列之间是全部互相耦合的还是部分互相耦合呢？是什么原因导致它们耦合的？各时间序列的耦合强度和在灰霾系统中的贡献是多少？为了弄清楚这些问题，我们分别利用随机重组程序和替代程序来进行验证。

一、大气污染多重分形特征分析

图 5-2 给出了九个站点对六种污染物原始值进行 CDFA 分析及对每种污染物原始值进行 MF-DFA 分析的 q~h(q) 曲线。图 5-2 中 CDFA（有"☆"标识的线）表示的是六种污染物原始值进行 CDFA 分析的 q~h(q) 曲线，而其他六条曲线是每

种污染物原始值进行 MF-DFA 分析的 q~h(q)曲线。由图 5-2 可知六种污染物原始序列的 MF-DFA 分析的 q 值依赖于 h(q)一直在变化，意味着这些序列具有多重分形的特征。由六种污染物浓度进行 CDFA 分析的 q~h(q)曲线可得到 h(q)>1，说明这六种污染物之间是正耦合相关的。

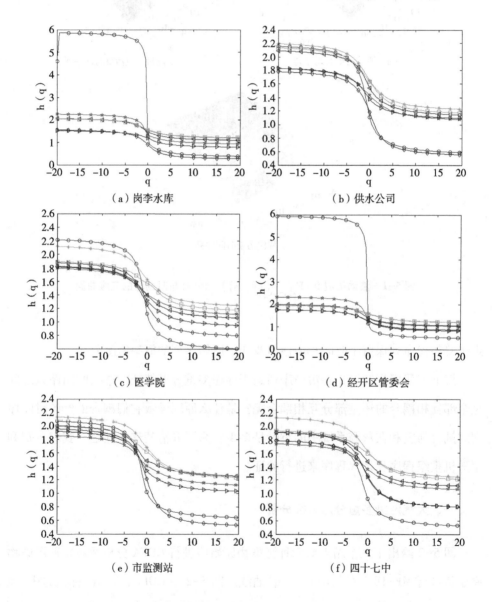

图 5-2　各站点六种污染物原始序列 CDFA 分析的 q~h（q）关系

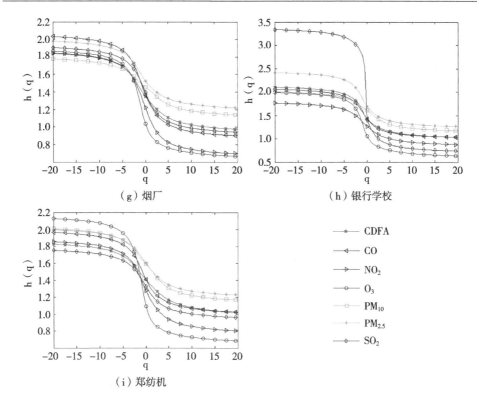

（g）烟厂 （h）银行学校

（i）郑纺机

CDFA
CO
NO₂
O₃
PM₁₀
PM₂.₅
SO₂

图5-2 各站点六种污染物原始序列 CDFA 分析的 q~h（q）关系（续）

表5-1列出了每个站点六种污染物原始值 MF-DFA 和 CDFA 分析的 h(2) 值，从表5-1可看出各污染物时间序列进行 MF-DFA 分析的所有 h(2)>0.5，说明这六种污染物是自相关的，具有长记忆性和持续性。

表5-1 各站点六种污染物原始值 MF-DFA 和 CDFA 分析的 h（2）值

h（2）	岗李水库	供水公司	医学院	经开区管委会	市监测站	四十七中	烟厂	银行学校	郑纺机
CO	1.322	1.376	1.275	1.268	1.428	1.334	1.171	1.242	1.240
NO₂	1.023	1.264	1.188	1.081	1.244	1.044	0.979	1.121	1.086
O₃	0.705	0.835	0.860	0.738	0.836	0.731	0.852	0.851	0.871
PM10	1.444	1.457	1.466	1.457	1.496	1.480	1.368	1.46	1.459

续表

h (2)	岗李水库	供水公司	医学院	经开区管委会	市监测站	四十七中	烟厂	银行学校	郑纺机
PM2.5	1.416	1.484	1.501	1.471	1.525	1.484	1.416	1.509	1.466
SO₂	0.588	0.860	1.055	1.108	0.869	1.061	1.192	1.049	1.174
CDFA	1.180	1.310	1.325	1.243	1.333	1.262	1.230	1.274	1.290

由表 5-2 可知在岗李水库、供水公司、医学院、经开区管委会、市监测站、四十七中、烟厂、银行学校及郑纺机九个站点中，O_3 在除了银行学校、市监测站以外的岗李水库、供水公司、医学院、经开区管委会、四十七中、烟厂及郑纺机七个站点中，Δh 值最大，分别为 5.469、1.574、1.611、5.411、1.257、1.198 和 1.443，其值都大于 1，明显比其他污染物的 Δh 值大，表明这些地区 O_3 的分形特征比其他污染物强。SO_2 在银行学校有最大 Δh 值为 2.594，另外，SO_2 在岗李水库和医学院的 Δh 值仅次于 O_3，分别为 1.274 和 1.012。这说明在银行学校，SO_2 的分形特征最强；在岗李水库和医学院，SO_2 的分形强度仅次于 O_3。除此之外，NO_2 在四十七中、烟厂和郑纺机的 Δh 值仅次于 O_3 且值也都大于 1，分别为 1.099、1.146 和 1.053。各污染序列 CO、NO_2、O_3、PM10、PM2.5 及 SO_2 在九个站点的平均 Δh 值分别为 0.9164、0.9313、2.3041、0.7811、0.8743 和 1.1731。最大的两个值分别为 O_3 和 SO_2，分别为 2.3041 和 1.1731，表明无论从各站点总体情况还是平均整体情况来看，O_3 和 SO_2 的多重分形特征比其他污染物的都强，从而它们俩所表现的非线性程度也较强，致使 O_3 和 SO_2 的复杂度较大，因此会导致很难对它们进行预测分析和控制。

表 5-2　各站点六种污染物原始值 MF-DFA 分析的 Δh 值

Δh	岗李水库	供水公司	医学院	经开区管委会	市监测站	四十七中	烟厂	银行学校	郑纺机
CO	0.969	0.949	0.761	0.940	0.744	0.788	1.132	1.023	0.942
NO₂	0.731	0.739	0.924	0.928	0.882	1.099	1.146	0.881	1.053

续表

Δh	岗李水库	供水公司	医学院	经开区管委会	市监测站	四十七中	烟厂	银行学校	郑纺机
O_3	5.469	1.574	1.611	5.411	1.423	1.257	1.198	1.351	1.443
PM10	0.831	0.963	0.714	0.744	0.757	0.711	0.639	0.830	0.841
PM2.5	0.863	0.968	0.870	0.751	0.867	0.870	0.762	1.149	0.769
SO_2	1.274	0.632	1.012	0.892	1.424	0.975	0.965	2.594	0.790

我们知道，当 $q<0$ 时，波动函数 $F(q,s)$ 的大小受 $F_v(s)$ 小波动偏差的影响较大，此时 $h(q)$ 描述了小幅波动的尺度行为。当 $q>0$ 时，波动函数 $F(q,s)$ 的大小受 $F_v(s)$ 大波动偏差的影响较大，此时 $h(q)$ 描述了大幅波动的尺度行为。由图 5-2 可知对 O_3 来说，当 $q<0$ 时，各站点普遍存在 $h(q)$ 值变化较大，Δh 值较大，即多重分形强度比 $q>0$ 时强很多，说明波动函数 $F(q,s)$ 受 $F_v(s)$ 小波动偏差的影响较大，小幅波动对其分形特征影响比较大，尤其在岗李水库和经开区管委会站点，表现出来很大的差异。对于 SO_2 来说，除了 SO_2 在银行学校站点附近小幅波动对其分形影响较大外，当 $q>0$ 时，SO_2 的分形总体上比 $q<0$ 时要大，说明 SO_2 在整个灰霾系统的浓度大波动部分多重分形表现突出。这表明原始序列的小波动和大波动的影响源不同，后面我们将分别就 $q>0$ 和 $q<0$ 分情况讨论污染序列之间的耦合相关性及其在灰霾系统中的贡献大小。

图 5-3 给出了九个站点某一污染物随机重组和替代后进行 CDFA 分析的标度指数 $q\sim h(q)$。由以上分析可知，当一个序列被随机重组以后，它的长期持续相关性影响就消失了，而其概率密度分布的影响仍然存在，是不改变的。当一个序列被替代以后，其相关性不受影响，而其概率密度函数（PDF）被替代为高斯概率密度函数，即序列的 PDF 影响消失了。为了更好地对结果进行对比分析，我们在图 5-3 中每个站点都画出了对六种污染物原始值进行 CDFA（有 "☆" 标示的线）分析的 $q\sim h(q)$ 曲线，而其他六条曲线是指被提到的污染物随机重组或替代以后与其他五种污染物进行 CDFA 分析的 $q\sim h(q)$ 曲线。

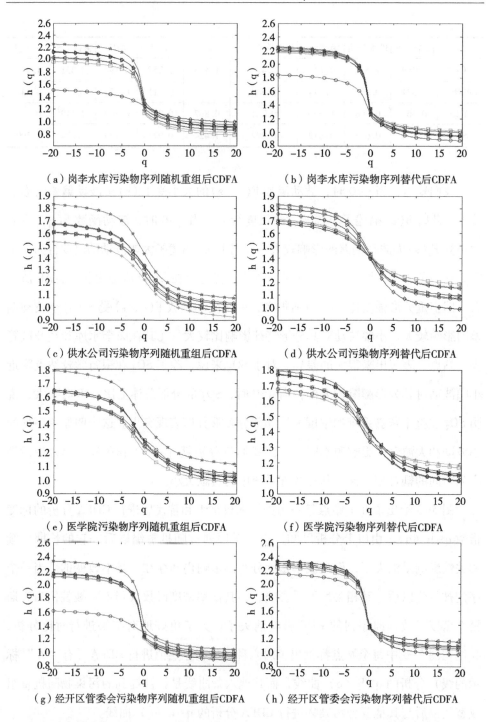

（a）岗李水库污染物序列随机重组后CDFA　　　（b）岗李水库污染物序列替代后CDFA

（c）供水公司污染物序列随机重组后CDFA　　　（d）供水公司污染物序列替代后CDFA

（e）医学院污染物序列随机重组后CDFA　　　（f）医学院污染物序列替代后CDFA

（g）经开区管委会污染物序列随机重组后CDFA　　（h）经开区管委会污染物序列替代后CDFA

图5-3　各站点某一污染物序列被随机重组和替代后进行 CDFA 分析的 q~h(q)

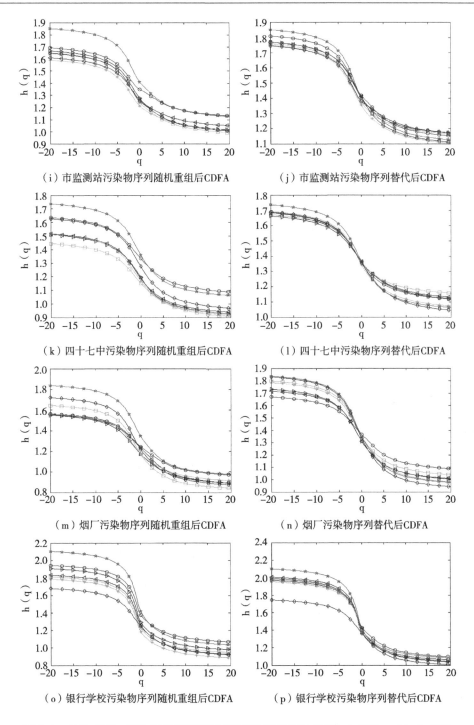

（i）市监测站污染物序列随机重组后CDFA

（j）市监测站污染物序列替代后CDFA

（k）四十七中污染物序列随机重组后CDFA

（l）四十七中污染物序列替代后CDFA

（m）烟厂污染物序列随机重组后CDFA

（n）烟厂污染物序列替代后CDFA

（o）银行学校污染物序列随机重组后CDFA

（p）银行学校污染物序列替代后CDFA

图5-3 各站点某一污染物序列被随机重组和替代后进行 CDFA 分析的 q~h(q)（续）

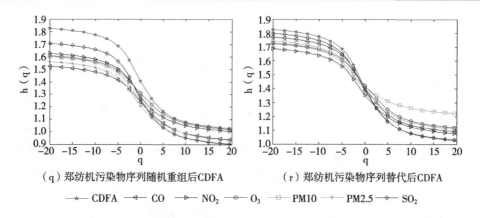

（q）郑纺机污染物序列随机重组后CDFA   （r）郑纺机污染物序列替代后CDFA

— CDFA ◄ CO → NO₂ ○ O₃ □ PM10 ◆ PM2.5 → SO₂

图 5-3　各站点某一污染物序列被随机重组和替代后进行 CDFA 分析的 q~h(q)（续）

图 5-4 和图 5-5 给出了各站点某一污染物序列被随机重组和替代后进行 CD-FA 分析的 q~τ（q）图。由图 5-3、图 5-4 和图 5-5 可知，图中 h（q）随 q 是变化的，并且各站点某一污染物序列被随机重组和替代后进行 CDFA 分析的 q~τ（q）关系均是非线性的，而且表现为凸的递增函数，说明某一污染物被随机重组和替代后与其他污染物之间的耦合关系都存在多重分形特征。从图 5-3 中可看出，各站点中大部分污染物被随机重组或替代后进行 CDFA 分析的标度指数 q~h（q）曲线都在六种污染物原始值进行 CDFA 分析的 q~h（q）曲线（有"☆"标示的线）下方，表明这些污染物的长期持续性及尖峰胖尾分布对污染物耦合系统的多重分形特征都是有影响的。进一步地，从图 5-3 中还可看出，当 q>0 或 q<0 时，各污染物序列通过随机重组和替代表现出明显的差异，即污染物序列之间的耦合强度在原始序列的小波动（q<0）和大波动（q>0）出现明显的不同，如 O₃ 在岗李水库和经开区管委会等处，q>0 时，将其随机重组后离原始序列最远，说明其对灰霾系统小波动的影响最大；而当 q>0 时，将其随机重组后明显离原始序列最近，说明其对灰霾系统大波动的影响最小。再看 SO₂，当 q>0 时，SO₂ 的影响明显总体上比 q<0 时要大，说明 SO₂ 对灰霾系统大波动的影响较大，对小波动的影响较小。其他污染物也可得出类似结论。这再次证明了灰霾系统小波动和

大波动的影响源不同，因此有必要后面分别就 q>0 和 q<0 分情况讨论污染物序列之间的耦合相关性及其在灰霾系统中的贡献大小。

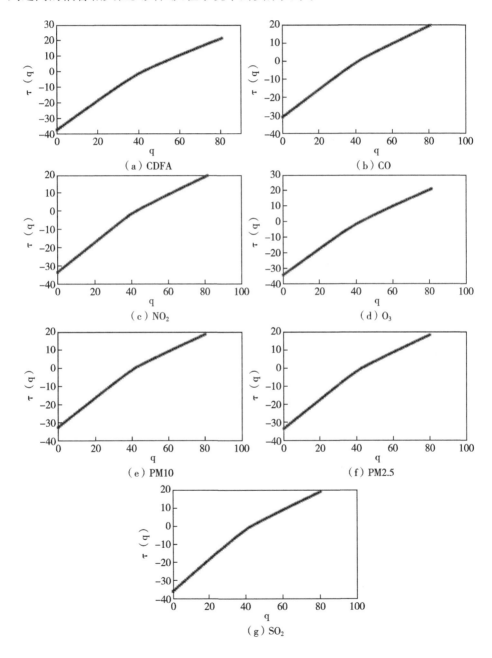

图 5-4　各站点某一污染物序列被随机重组后进行 CDFA 分析的 q~τ（q）

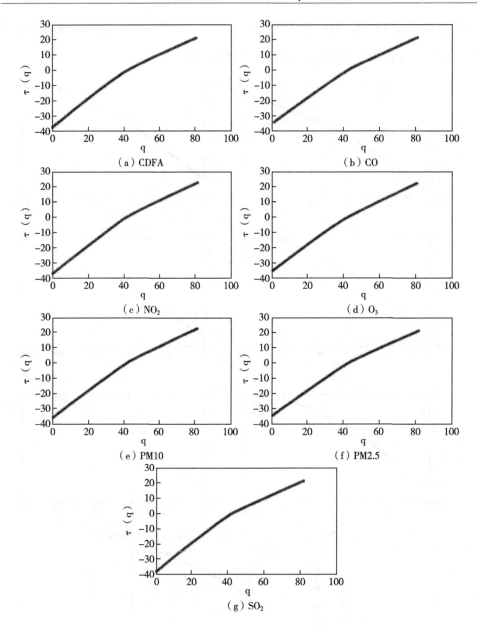

图 5-5　各站点某一污染物序列被替代后进行 CDFA 分析的 q~τ (q)

二、耦合效应对生态系统的贡献机制

在分析各污染物耦合强度之前, 本部分先来分析一下, 对于长期持续性和尖峰胖尾分布这两种动力来源，哪种动力来源对整个灰霾动力系统作用影响更大些，从而选出起主导作用的动力来源进行耦合强度分析。

图 5-6 分别给出每个站点六种污染物的原始序列、随机重组序列及替代序列进行 CDFA 分析的广义标度指数 q~h（q）的关系图。原始序列 CDFA（有"☆"标示的线）对应的曲线是指对以上六种污染物原始值进行 CDFA 分析的 q~h（q），随机重组序列 CDFA（有"◇"标示的线）对应的曲线是指将所有污染物时间序列进行随机重组后进行 CDFA 分析的 q~h（q），替代序列 CDFA（有"〇"标示的线）对应的曲线是指将所有污染因子时间序列进行替代后进行 CDFA 分析的 q~h（q）。由图 5-6 可见，所有污染因子随机重组序列与原始序列的 CDFA 分析结果具有明显差异，说明随机重组过程对数据相关关系清洗有效，随机重组后的 CDFA 指数都靠近 0.5，这意味着随机重组后所有数据几乎无耦合相关关系，也说明利用随机重组程序测试各污染物的耦合强度和贡献率大小是非常有效的。

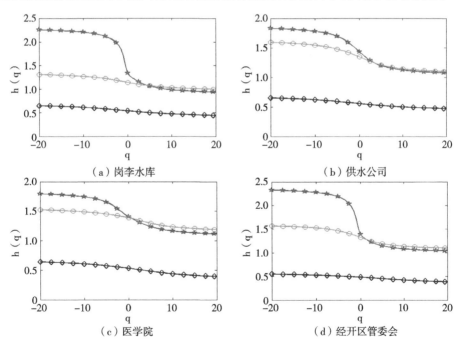

图 5-6 郑州市九个监测站点六种污染物的原始序列、随机重组序列和替代序列
CDFA 分析的广义标度指数 h（q）对应于 q 的变化关系

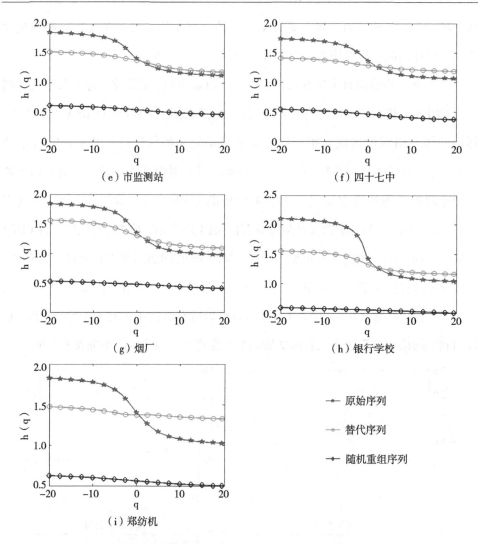

图5-6 郑州市九个监测站点六种污染物的原始序列、随机重组序列和替代序列 CDFA 分析的广义标度指数 h（q）对应于 q 的变化关系（续）

由图5-6可见，随机重组序列与替代序列的 q~h（q）曲线与原始序列的 q~h（q）曲线相比都有变化，但替代序列与原始序列的 q~h（q）曲线更接近，而随机重组序列与原始序列的 q~h（q）曲线距离相差很大，即各监测站点明显存在 $h_{shuff} < h_{surr}$ 的关系。这表明，此次重度灰霾期间，各污染时间序列之间相互

耦合不仅受长期持续性的影响，也受尖峰胖尾的影响，但其中长期持续性对污染时间序列之间的耦合相关关系起主导控制作用，即各污染物时间序列之间相互耦合主要是由其大小尺度波动的持续相关性引起的，而极值的尖峰胖尾效应并不大。其实从图5-3中也可明显看出，各站点每一种污染物被随机重组进行 CDFA 分析的标度指数 q~h（q）曲线都比相应污染物被替代后进行 CDFA 标度指数 q~h（q）曲线低，即各站点每一种污染物被随机重组进行 CDFA 分析的 h（q）值都比相应污染物被替代后进行 CDFA 分析的 h（q）值小，说明在整个灰霾耦合系统中，长期持续性比尖峰胖尾分布对每种污染物浓度多重分形特征的影响更大。

因此，本章主要分析研究长期持续性机制对各污染物的耦合强度影响。大气化学的耦合相关效应是导致灰霾持续稳定的关键因素，大气化学耦合系统中，耦合相关作用具有强烈的长期持续性，这也使得持续维持着大气化学稳定性，在外界气象条件没有太大改变的情况下，使得灰霾持续稳定发展。

三、灰霾系统中污染协同的生态风险

表5-3至表5-11分别给出了各站点每种污染物被随机重组和替代后与其他五种污染物进行 CDFA 分析的各类参数值。由式（5-5）计算得到，表征污染物序列的多重分形强度；χ^2_{shuff} 由式（5-6）和式（5-7）得到，表征污染物在灰霾动力系统中和其他污染物耦合相关性的强度；$\overline{\chi^2_{shuff}}$ 由式（5-8）和式（5-9）得到，表征污染物在灰霾动力系统中耦合相关性的贡献。

表5-3 岗李水库

q 的取值范围	变量	CO	NO_2	O_3	PM10	PM2.5	SO_2
$-20 \leq q \leq 0$	χ^2_{shuff}	3.020E-01	1.066E-01	5.477E+00	1.653E-01	5.149E-01	1.108E-01
	$\overline{\chi^2_{shuff}}$	8.128E-01	2.868E-01	1.474E+01	4.449E-01	1.386E+00	2.982E-01

续表

q 的取值范围	变量	CO	NO$_2$	O$_3$	PM10	PM2.5	SO$_2$
$0 \leqslant q \leqslant 20$	χ^2_{shuff}	9.430E-04	3.322E-04	2.568E-04	8.056E-04	2.296E-04	3.174E-05
	$\overline{\chi}^2_{shuff}$	3.780E+00	1.332E+00	1.029E+00	3.229E+00	9.202E-01	1.272E-01

表 5-4　供水公司

q 的取值范围	变量	CO	NO$_2$	O$_3$	PM10	PM2.5	SO$_2$
$-20 \leqslant q \leqslant 0$	χ^2_{shuff}	2.913E-01	2.264E-01	1.072E-01	2.762E-01	5.538E-01	1.888E-01
	$\overline{\chi}^2_{shuff}$	2.266E+00	1.760E+00	8.339E-01	2.148E+00	4.307E+00	1.468E+00
$0 \leqslant q \leqslant 20$	χ^2_{shuff}	7.343E-04	7.787E-04	1.195E-04	1.096E-03	1.310E-03	3.065E-04
	$\overline{\chi}^2_{shuff}$	2.132E+00	2.261E+00	3.471E-01	3.184E+00	3.805E+00	8.900E-01

表 5-5　医学院

q 的取值范围	变量	CO	NO$_2$	O$_3$	PM10	PM2.5	SO$_2$
$-20 \leqslant q \leqslant 0$	χ^2_{shuff}	9.595E-02	2.106E-01	1.869E-01	7.269E-02	1.328E-01	2.520E-01
	$\overline{\chi}^2_{shuff}$	1.215E+00	2.666E+00	2.366E+00	9.202E-01	1.681E+00	3.191E+00
$0 \leqslant q \leqslant 20$	χ^2_{shuff}	8.270E-04	2.805E-04	3.547E-05	1.021E-03	1.171E-03	1.135E-03
	$\overline{\chi}^2_{shuff}$	2.486E+00	8.432E-01	1.067E-01	3.071E+00	3.520E+00	3.413E+00

表 5-6　经开区管委会

q 的取值范围	变量	CO	NO$_2$	O$_3$	PM10	PM2.5	SO$_2$
$-20 \leqslant q \leqslant 0$	χ^2_{shuff}	7.051E-02	1.875E-01	2.760E+00	1.817E-01	1.704E-01	9.113E-02
	$\overline{\chi}^2_{shuff}$	3.758E-01	9.994E-01	1.471E+01	9.687E-01	9.081E-01	4.857E-01
$0 \leqslant q \leqslant 20$	χ^2_{shuff}	5.685E-04	5.212E-04	1.056E-04	1.210E-03	1.032E-03	7.344E-04
	$\overline{\chi}^2_{shuff}$	1.909E+00	1.750E+00	3.547E-01	4.062E+00	3.465E+00	2.466E+00

表 5-7　市监测站

q 的取值范围	变量	CO	NO$_2$	O$_3$	PM10	PM2.5	SO$_2$
$-20 \leqslant q \leqslant 0$	χ^2_{shuff}	2.049E-01	1.361E-01	5.692E-02	1.171E-01	1.089E-01	9.525E-02
	$\overline{\chi}^2_{shuff}$	4.029E+00	2.677E+00	1.120E+00	2.303E+00	2.142E+00	1.873E+00

续表

q 的取值范围	变量	CO	NO$_2$	O$_3$	PM10	PM2.5	SO$_2$
$0 \leqslant q \leqslant 20$	χ^2_{shuff}	7.565E-04	7.496E-04	1.245E-04	1.015E-03	8.768E-04	5.849E-04
	$\overline{\chi}^2_{shuff}$	1.916E+00	1.898E+00	3.153E-01	2.570E+00	2.220E+00	1.481E+00

表5-8 四十七中

q 的取值范围	变量	CO	NO$_2$	O$_3$	PM10	PM2.5	SO$_2$
$-20 \leqslant q \leqslant 0$	χ^2_{shuff}	4.148E-01	5.969E-01	2.382E-01	4.796E-01	2.495E-01	7.482E-02
	$\overline{\chi}^2_{shuff}$	2.619E+00	3.769E+00	1.504E+00	3.029E+00	1.576E+00	4.725E-01
$0 \leqslant q \leqslant 20$	χ^2_{shuff}	5.592E-04	6.342E-04	1.314E-05	9.082E-04	5.353E-04	5.347E-04
	$\overline{\chi}^2_{shuff}$	1.909E+00	2.165E+00	4.484E-02	3.100E+00	1.827E+00	1.825E+00

表5-9 烟厂

q 的取值范围	变量	CO	NO$_2$	O$_3$	PM10	PM2.5	SO$_2$
$-20 \leqslant q \leqslant 0$	χ^2_{shuff}	7.177E-02	3.408E-02	3.588E-02	2.361E-02	6.267E-02	3.845E-02
	$\overline{\chi}^2_{shuff}$	3.626E+00	1.722E+00	1.813E+00	1.193E+00	3.166E+00	1.942E+00
$0 \leqslant q \leqslant 20$	χ^2_{shuff}	2.548E-04	4.238E-04	2.032E-05	6.251E-04	6.552E-04	3.910E-04
	$\overline{\chi}^2_{shuff}$	1.073E+00	1.784E+00	8.557E-02	2.632E+00	2.758E+00	1.646E+00

表5-10 银行学校

q 的取值范围	变量	CO	NO$_2$	O$_3$	PM10	PM2.5	SO$_2$
$-20 \leqslant q \leqslant 0$	χ^2_{shuff}	1.314E-01	2.240E-01	1.793E-01	2.191E-01	4.114E-01	6.795E-01
	$\overline{\chi}^2_{shuff}$	8.056E-01	1.374E+00	1.099E+00	1.344E+00	2.523E+00	4.167E+00
$0 \leqslant q \leqslant 20$	χ^2_{shuff}	3.408E-04	7.222E-04	5.009E-05	9.492E-04	8.994E-04	1.102E-03
	$\overline{\chi}^2_{shuff}$	1.157E+00	2.452E+00	1.701E-01	3.223E+00	3.053E+00	3.741E+00

表5-11 郑纺机

q 的取值范围	变量	CO	NO$_2$	O$_3$	PM10	PM2.5	SO$_2$
$-20 \leqslant q \leqslant 0$	χ^2_{shuff}	1.737E-01	2.000E-01	1.574E-01	1.746E-01	1.200E-01	2.987E-02
	$\overline{\chi}^2_{shuff}$	2.448E+00	2.818E+00	2.217E+00	2.460E+00	1.691E+00	4.207E-01

续表

q 的取值范围	变量	CO	NO₂	O₃	PM10	PM2.5	SO₂
0≤q≤20	χ^2_{shuff}	1.260E-04	2.881E-04	3.526E-05	4.514E-04	6.545E-04	7.790E-04
	$\overline{\chi^2_{shuff}}$	5.578E-01	1.275E+00	1.561E-01	1.999E+00	2.898E+00	3.449E+00

为了便于分析，我们将-20≤q≤0 和 0≤q≤20 时随机重组后的主要参数值表示在高维图中，如图 5-7 和图 5-8 所示。特别地，对于-20≤q≤0 的情况由于 y 轴的值相差较大，为了更清晰地表达曲线之间的关系，我们将 y 值取对数，这样既不改变趋势，又减小了值之间的差距，使得所有值在一定范围内更加平缓，图形关系更加清晰。

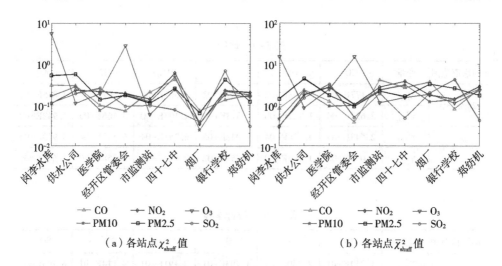

（a）各站点 χ^2_{shuff} 值　　　（b）各站点 $\overline{\chi^2_{shuff}}$ 值

图 5-7　-20≤q≤0 时各站点污染物序列随机重组后进行 CDFA 分析的参数值

下面分别就-20≤q≤0 和 0≤q≤20 两种情况讨论污染物序列之间的耦合相关性及其在灰霾系统中的贡献大小。

（1）-20≤q≤0 时各污染物序列耦合相关性及其在灰霾系统中的贡献。通过随机重组序列的卡方检验，分析受长期持续性机制的影响，以及在灰霾系统中的小波动部分各污染物之间耦合相关性强度及其在灰霾动力系统中耦合贡献的大小。

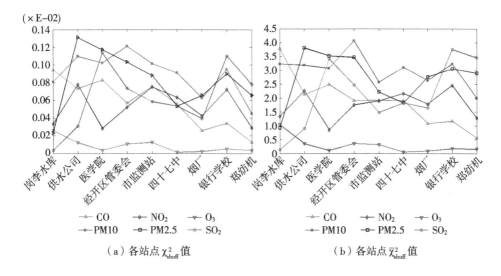

（a）各站点 χ^2_{shuff} 值　　　　　（b）各站点 $\overline{\chi}^2_{shuff}$ 值

图 5-8　$0 \leq q \leq 20$ 时各站点污染物序列随机重组后进行 CDFA 分析的参数值

由表 5-3 至表 5-11、图 5-7（a）和图 5-7（b）可知，各站点大部分污染物的 χ^2_{shuff} 值和 $\overline{\chi}^2_{shuff}$ 值有相同的趋势，即若污染物的 χ^2_{shuff} 值相对较大则其相应的 $\overline{\chi}^2_{shuff}$ 值也较大。这意味着，若长期持续性机制在灰霾动力系统中对污染物耦合相关性强度的影响越大，则其对污染物在灰霾动力系统中的耦合贡献也越大。由表 5-3 至表 5-11、图 5-7（a）和图 5-7（b）可看出，O_3 在岗李水库和经开区管委会的 χ^2_{shuff} 和 $\overline{\chi}^2_{shuff}$ 值最大，说明在这两个站点由于长期持续性的影响使得 O_3 与其他污染物序列的耦合相关性最强，并且在灰霾污染动力系统中其影响使得 O_3 与其他序列耦合的贡献也最大。PM2.5 在供水公司的 χ^2_{shuff} 和 $\overline{\chi}^2_{shuff}$ 值最大，说明在供水公司这个站点由于长期持续性的影响使得 PM2.5 与其他污染物序列的耦合相关性最强，并且在灰霾污染动力系统中其影响使得 PM2.5 与其他序列的耦合贡献也最大。在岗李水库、烟厂及银行学校其 PM2.5 的 χ^2_{shuff} 和 $\overline{\chi}^2_{shuff}$ 值也都较高，说明在岗李水库、烟厂及银行学校这三个站点，由于长期持续性的影响使得 PM2.5 在灰霾动力系统中与其他污染物序列的耦合相关性及耦合贡献也都比较强大。在医学院和银行学校站点，χ^2_{shuff}、$\overline{\chi}^2_{\text{shuff}}$ 值最大的污染物是 SO_2，即在医学院和银行学校附近由于长期持续性的影响使得 SO_2 在灰霾动力系统中与其他污染物序列的耦合相关性最强且耦合贡献最大。在市监测站和烟厂站点，χ^2_{shuff}、$\overline{\chi}^2_{\text{shuff}}$ 值最大的污染物是 CO，即在市监测站和烟厂附近由于长期持续性的影响使得 CO 在灰霾动力系统中与其他污染物序列的耦合相关性最强且耦合贡献最大。在四十七中和郑纺机站点，χ^2_{shuff}、$\overline{\chi}^2_{\text{shuff}}$ 值最大的污染物是 NO_2，即在四十七中和郑纺机，由于长期持续性的影响，在灰霾动力系统中与其他污染物序列的耦合相关性最强且耦合贡献最大的污染物是 NO_2。由表 5-3 至表 5-11，我们计算出 CO、NO_2、O_3、PM10、PM2.5 和 SO_2 在九个站点的 χ^2_{shuff} 和 $\overline{\chi}^2_{\text{shuff}}$ 平均值分别为 0.195、0.214、1.022、0.190、0.258、0.173 和 2.022、2.008、5.489、1.646、2.153、1.591，说明在平均状态下，O_3 和 PM2.5 都表现出很强的耦合相关性和很大的耦合贡献率。总之，用随机重组序列检验序列之间的耦合相关强度及贡献大小时，由于长期持续性的影响，O_3 和 PM2.5 在灰霾动力系统内的小波动部分与其他污染物序列的耦合相关性更强、耦合贡献更大。

由以上分析可知，在灰霾动力系统小波动部分，用随机重组序列检验序列之间的耦合相关强度及贡献大小时，由于长期持续性的影响使得 O_3 和 PM2.5 与其他污染物序列的耦合相关性更强、贡献更大。我们知道，大气污染物分为气态污染物和颗粒态污染物，PM2.5 属于大气颗粒污染物，是灰霾的主要成分。O_3 属于气态污染物，其人为来源主要是燃煤、机动车尾气、石油化工等排放山的氮氧化物和挥发性有机物，在光照条件下达到一定温度发生复杂的光化学反应后形成的。近年来的数据显示，O_3 污染已经成了影响郑州市空气质量的主要因素之一。2016 年，郑州市城区环境空气质量优良天数为 159 天，在污染天气中，"祸首"是 O_3 的就占了 52 天，比 2015 年同期增加 21 天，并且 O_3 呈现出现早、结束晚、时间长的特征。2016 年 6 月，全国 74 个城市空气质量统计显示：所有超标天数中，O_3 为首要污染物的天数最多，超过了 PM2.5 为首要污染物的天数。O_3 属于二次污染物，其形成机理是复杂的非线性过程，并且 O_3 特别活泼，形成后会继续与其他污染物发生反应，因此 O_3 在灰霾耦合系统中起到的作用不容小觑。在这次灰霾最严重的几天，虽然在冬天 O_3 发生光化学反应比较弱且 O_3 污染不是最严重的，但无论如何 O_3 关系到整个大气环境的氧化能力，这个物质会干扰甚至影响光化学反应的进程，因此在浓度波动较小的区间 O_3 的贡献、作用很大，使得污染具有长期持续性。这个结果也警示我们，无论什么时候都不能放松对 O_3 污染的重视。

（2）$0 \leqslant q \leqslant 20$ 时各污染物序列耦合相关性及其在灰霾系统中的贡献。通过随机重组序列的卡方检验，分析受长期持续性机制的影响，在灰霾系统中的大波动部分各污染物之间耦合相关性强度及其在灰霾动力系统中耦合贡献的大小。

由表 5-3 至表 5-11 及图 5-8（a）和图 5-8（b）可知，PM10 在经开区管委会、市监测站、四十七中的 χ^2_{shuff} 和 $\overline{\chi}^2_{shuff}$ 值最大，分别为 1.210E-03、1.015E-03、9.082E-04 和 4.062、2.570、3.100，说明在这三个站点由于受长期持续性的影响使得 PM10 在灰霾动力系统大波动部分与其他污染物序列的耦合相关性最强、耦合贡献最大。PM2.5 在供水公司、医学院和烟厂的 χ^2_{shuff} 和 $\overline{\chi}^2_{shuff}$ 值最大，说明在这三个站点由于受长期持续性的影响使得 PM2.5 在灰霾动力系统大波动部分与其他污染物序列的耦合相关性最强、耦合贡献最大。在岗李水库和银行学校，χ^2_{shuff}、$\overline{\chi}^2_{shuff}$ 值最大的污染物分别为 CO 和 SO_2，即在这两个站点由于受长期持续性的影响，使得 CO 和 SO_2 在灰霾动力系统大波动部分与其他污染物序列的耦合相关性最强、耦合贡献最大。由表 5-3 至表 5-11，我们计算出 CO、NO_2、O_3、PM10、PM2.5 和 SO_2 在九个站点的 χ^2_{shuff} 和 $\overline{\chi}^2_{shuff}$ 的平均值分别为 5.678E-04、5.256E-04、8.453E-05、8.980E-04、8.182E-04、6.221E-04 和 1.880、1.751、0.290、3.008、2.719、2.115，其由大到小的排序为 PM10、PM2.5、SO_2、CO、NO_2 和 O_3，从图 5-8（a）和图 5-8（b）中也存在这样一个排序，这从总体上说明，在平均状态下，受长期持续性的影响，PM10、PM2.5 和

SO_2 在灰霾动力系统大波动部分与其他污染物序列的耦合相关性最强、耦合贡献最大。

由以上分析可知，在灰霾动力系统大波动部分，用随机重组序列检验序列之间的耦合相关强度及贡献大小时，由于长期持续性的影响使得 PM10、PM2.5 和 SO_2 与其他污染物序列的耦合相关性更强、贡献更大。前文已经提到，PM10 和 PM2.5 成因比较复杂，其生成一方面来自污染源的直接排放，另一方面也来自 SO_2、NO_x 及 VOCs 等气体发生光化学反应生成的二次污染物。PM10 包含 PM2.5，但郑州市此次重灰霾期间主要是以 PM2.5 为首要污染物，即细颗粒 PM2.5 占主要成分，因此可重点分析 PM2.5 与其他气体污染物的耦合关系。SO_2 主要来自污染源的直接排放，属于一次污染物，SO_2 不仅以气态形式污染大气环境，而且其中 30%以上会转化为硫酸盐气溶胶，造成大气颗粒物浓度的升高，它是二次气溶胶关键的前体反应物。SO_2 也是煤烟型污染的主要污染物，郑州市主要以煤烟型污染为主，是 SO_2 污染控制区，尤其冬天是取暖季节，燃煤量大，因此 SO_2 对灰霾污染天气的形成所起的作用会更大。

（3）结论对比分析。综合以上分析可知，当 $-20 \leqslant q \leqslant 0$ 和 $0 \leqslant q \leqslant 20$ 时，对应于灰霾系统的小波动和大波动部分，在这两个区间系统起主导作用的污染物是不同的。当 $-20 \leqslant q \leqslant 0$ 时，在灰霾动力系统小波动部分，用随机重组序列检验序列之间的耦合相关强度及贡献大小时，由于长期持续性的影响使得 O_3 和 PM2.5 与其他污染物序列的耦合相关性更强、贡献更大。当 $0 \leqslant q \leqslant 20$ 时，在灰霾动力系统大波动部分，用随机重组序列检验序列之间的耦合相关强度及贡献大小时，由于长期持续性的影响使得 PM2.5、PM10、SO_2 与其他污染物序列的耦合相关性更强、贡献更大。

虽然在 $-20 \leqslant q \leqslant 0$ 和 $0 \leqslant q \leqslant 20$ 时 PM2.5 的影响都很大，但由图 5-7 和图 5-8 可对比看出，$0 \leqslant q \leqslant 20$ 时 PM2.5 的 χ^2_{shuff} 和 $\bar{\chi}^2_{shuff}$ 值明显比 $-20 \leqslant q \leqslant 0$ 时的值大，并且在所有污染物折线中它和 PM10 一起是最高的两条，这说明 PM2.5 对灰霾动

力系统大波动的影响更大。一方面，这次重灰霾污染主要以 PM2.5 为首要污染物，灰霾的主要颗粒成分就是 PM2.5，所以它与其他污染物之间的关系最直接最密切。另一方面，对于 PM2.5 而言，其成因也比较复杂，大气中的 PM2.5 既包含一次污染物，也可由二次污染产生。PM2.5 的比表面积比较大，于是对大气污染物发生化学反应起到很好的促进作用，在此条件下更多气态物质将会进一步发生化学反应，从而生成更多的 PM2.5，这样反复循环反应，会导致细颗粒物 PM2.5 在空气中大量累积，最终使得空气质量进一步恶化。研究表明（白建辉、王庚辰，2005），空气污染越严重的时段，二次污染物所占的比例越高，显示了通过大气化学过程二次生成的污染物对空气质量恶化起到了十分重要的作用，促使整个灰霾系统浓度大波动部分主要由 PM2.5 主导影响。在不利的天气条件下，PM2.5 演化还会受到自组织临界机制的主导控制。大气系统是一个巨系统，它包含了众多短程相互作用的组元。这些组元会自发的向着某一个临界状态演变，一旦达到临界状态，它们将会与外界物质和能量进行交换，致使 PM2.5 的演化在一定时间段内被锁定在临界状态下。在此情况下，诸多组元都有可能因大气系统的一个微小扰动而产生连锁反应，从而产生极大影响，最终导致较高的 PM2.5 浓度波动产生（史凯，2014）。因此，PM2.5 在此次灰霾动力系统中占绝对主导地位，在系统大波动范围与其他污染物的耦合相关性较强。

从气态污染物角度来看，对比图 5-7 和图 5-8 可看出，在 $-20 \leqslant q \leqslant 0$ 和 $0 \leqslant q \leqslant 20$ 时，χ^2_{shuff} 和 $\overline{\chi}^2_{shuff}$ 值差异比较明显的是 O_3 和 SO_2。$-20 \leqslant q \leqslant 0$ 时 O_3 的 χ^2_{shuff} 和 $\overline{\chi}^2_{shuff}$ 值普遍较大，其折线最突出，影响最大，这与 O_3 本身的化学性质及其在光化学反应中的作用相关。相比之下 SO_2 的 χ^2_{shuff} 和 $\overline{\chi}^2_{shuff}$ 值的折线较低，影响较小。在 $0 \leqslant q \leqslant 20$ 时，χ^2_{shuff} 和 $\overline{\chi}^2_{shuff}$ 值中 SO_2 折线更突出，影响更大，O_3 的 χ^2_{shuff} 和 $\overline{\chi}^2_{shuff}$ 值的折线在最低端，值最小，影响最小。这表明灰霾期间，对于气态污染物来讲，在灰霾动力系统小波动部分，O_3 起主导作用，灰霾动力系统大波动

部分，SO_2 起主导作用。由于冬季是取暖季，燃煤量的增加造成 SO_2 气体排放增大，导致 SO_2 污染加重，而 SO_2 又是二次无机气溶胶关键的气态前体物，因此它直接影响到了整个灰霾系统中浓度波动较大的部分，如 PM2.5 的剧烈波动情况（q>0 时）等，SO_2 对灰霾耦合系统浓度波动较大部分的影响更大，起主导作用。作为一种强氧化剂，O_3 在很多大气污染物的化学反应中都起着重要作用。现在普遍认为，O_3 在对流层中的光解导致自由基 OH 的产生，是对流层光化学的重要触发机制。因此，大气中的 O_3 含量直接影响其他化学物和自由基的分布和浓度，决定了大气成分的化学循环（纪飞、秦瑜，1998）。O_3 还易与烃类发生反应而产生含氢的自由基和大分子的碳氢氧自由基，这些物质又可能与复杂的有机化合物发生更为复杂的反应，造成环境污染（王明星，1999）。高浓度的 O_3 还能导致光化学烟雾的形成，因此对流层中 O_3 浓度增大也可能增加城市光化学烟雾发生的频率。可以说 O_3 关系到整个大气环境的氧化能力，这个物质会干扰甚至影响光化学反应的进程，不过由于是在冬季，光照并不是很强，又是在灰霾期间，光化学反应能力较弱，O_3 只能影响整个灰霾动力系统浓度较小的波动。光化学反应是二次气溶胶最主要的形成机制，O_3 在浓度波动较小的区间（q<0）起了决定性作用。总体来说，冬季灰霾期间，光化学反应较弱，导致 O_3 不能影响系统其他污染物浓度的剧烈波动，只是在灰霾系统浓度小波动范围内起主要作用，即 q>0 时 O_3 不起决定性作用，而是因冬季取暖等因素导致的污染更严重、对灰霾贡献更大的 SO_2 起主导作用。

另外，对于 CO 和 NO_2，从图 5-7 和图 5-8 也可看出，它们在 $-20 \leqslant q \leqslant 0$ 时的 χ^2_{shuff} 和 $\overline{\chi}^2_{shuff}$ 值折线更突出，其平均值整体更大一些，影响更大。当 $0 \leqslant q \leqslant 20$ 时，它们的平均值整体更小一些，影响较弱一些。氮氧化物（$NO_x = NO + NO_2$）是生成 O_3 的首要前体物，而 NO_2 具有光解特性，是对流层 O_3 在大气中唯一的化学反应源，NO_2 的光解导致了 O_3 的生成。可以说，NO_2 的光解是对流层大气中 O_3 的主要来源（唐孝炎等，2006）。另外，NO_2 在大气中还可发生均相反

应形成 HNO_3，在白天，NO_2 主要通过与 OH 反应而生成气态硝酸。在夜晚，NO_2 通过 O_3 和硝酸盐自由基的一系列反应生成 HNO_3，之后可再与 NH_3 反应生成亚微米的硝酸铵粒子，或与已有的颗粒物反应，从而形成气溶胶（贺克斌，2011）。由于冬天的气象条件及灰霾影响使得 NO_2 发生光化学反应的能力较弱，因此导致 NO_2 在 $0 \leqslant q \leqslant 20$ 时，即在灰霾系统浓度大波动范围内起的作用会更小一些。值得注意的是，由于 NO_2 也是气溶胶的气态前体物，如果条件积累成熟，NO_2 浓度的升高最终会对浓度大波动起到更大的影响，从而使灰霾加重。2016 年郑州市 NO_2 污染水平较高，有升高趋势，这与机动车尾气及工厂排放等有很大关系，应该警惕 NO_2 的过度排放，以免环境进一步恶化。CO 主要来自燃料燃烧和机动车尾气排放。O_3 与 CO 的浓度垂直分布廓线具有正相关性，它们浓度廓线的主要变化具有相似性，高 O_3 往往伴随着高 CO（Fishman and Seiler，1983）。Luo 和 Zhou（1994）研究发现 O_3 浓度和 CO 浓度几乎呈线性正相关。这些都说明对流层 O_3 来自光化学过程，CO 也是 O_3 的重要前体物之一。由于冬天的气象条件及灰霾影响，使得 CO 发生光化学反应的能力也比较弱，因此导致 CO 在灰霾系统浓度大波动范围（$0 \leqslant q \leqslant 20$）内起的作用也会更小一些。总体来说，CO 和 NO_2 都是 O_3 的气态前体物，其在灰霾系统中起的作用与 O_3 相关，但毕竟它们生成 O_3 需要光化学反应的过程，因此没有 O_3 直接对系统小波动的影响大。CO 和 NO_2 还可能通过其他形式最终形成气溶胶，对整个系统大波动的影响较 O_3 会更大一些。在图 5-7 中 $-20 \leqslant q \leqslant 0$ 时，灰霾系统小波动范围，O_3 的平均 χ^2_{shuff} 和 $\overline{\chi}^2_{shuff}$ 值更大一些，CO 和 NO_2 的平均 χ^2_{shuff} 和 $\overline{\chi}^2_{shuff}$ 值更小一些；而在图 5-8 中即 $0 \leqslant q \leqslant 20$ 时，灰霾系统大波动范围，O_3 的平均 χ^2_{shuff} 和 $\overline{\chi}^2_{shuff}$ 值更小一些，CO 和 NO_2 的平均 χ^2_{shuff} 和 $\overline{\chi}^2_{shuff}$ 值相对较高。

第四节　大气污染物的耦合强度空间特征分析

在前文中，通过随机重组程序研究了长期持续性对郑州市九个站点六种污染物的耦合强度的影响，同时对各污染物之间耦合相关强度及其在灰霾动力系统中的贡献进行了量化。值得注意的是，通过分析各个站点的相关耦合参数值发现其具有明显的空间特性，我们有必要对各种污染物耦合强度参数值进行空间分析，试图挖掘出一些有意义的结论。由于在整个灰霾耦合系统中，长期持续性比尖峰胖尾分布对每种污染物浓度多重分形特征的影响更大，因此本节主要通过长期持续性机制对各污染物的耦合强度影响进行空间特征分析。

鉴于各污染物在灰霾动力系统中的耦合贡献大小足以很好地表达出各污染物与其他污染物相互耦合的强度特征，因此我们利用 ArcGIS 软件，对九个站点六种污染物的浓度均值和耦合贡献 $\overline{\chi}^2_{\text{shuff}}$ 值分别进行插值，考察其空间分布特征。经过 Lilliefors 检验得出，九个站点的 $\overline{\chi}^2_{\text{shuff}}$ 值满足正态分布，我们可以采用克里金（Kriging）插值方法对我们的数据进行空间插值。

图 5-9 给出了等值线插值方法表示的郑州市各污染物浓度的二维空间分布；图 5-10 给出了等值线插值方法表示的郑州市各污染物在 $-20 \leqslant q \leqslant 0$ 时耦合贡献 $\overline{\chi}^2_{\text{shuff}}$ 值的二维空间分布；图 5-11 给出了等值线插值方法表示的郑州市各污染物在 $0 \leqslant q \leqslant 20$ 时的耦合贡献 $\overline{\chi}^2_{\text{shuff}}$ 值的二维空间分布。郑州市城区比郑州市少一个岗李水库站点的数值。由于岗李水库在郑州市最北边的边界处，而其他站点都在郑州市城区内，并且郑州市城区范围外其他地方再没有站点，即在郑州市内郑州城区范围外只设立 1 个污染监测站点，因此对九个站点的值在全郑州市范围进行克里金插值时，可能会影响到整体的精度。相比之下，只对八个站点的值在郑州

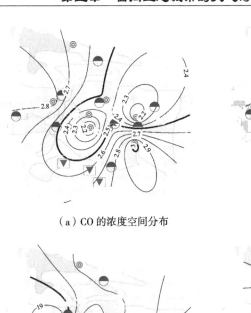

（a）CO 的浓度空间分布

（b）NO₂的浓度空间分布

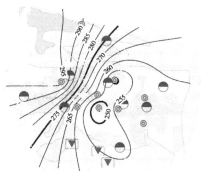

（c）O₃的浓度空间分布

（d）SO₂的浓度空间分布

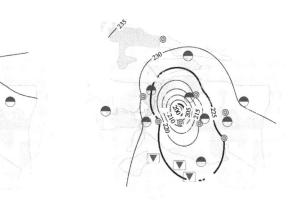

（e）PM10的浓度空间分布

（f）PM2.5的浓度空间分布

图 5-9　郑州市各污染物浓度的二维空间分布

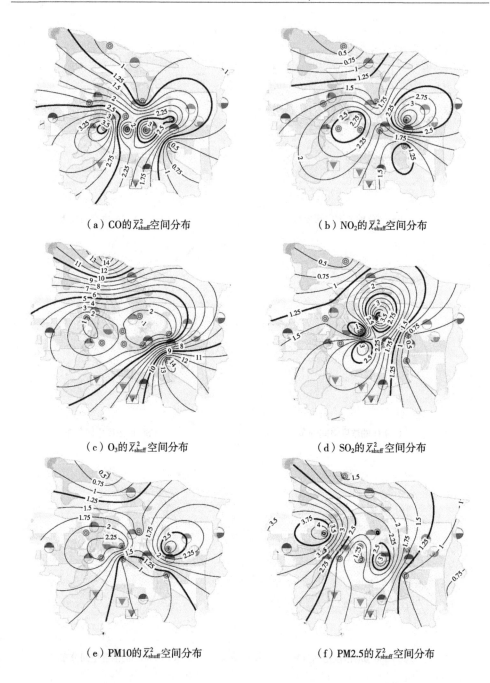

（a）CO的 $\bar{\chi}^2_{shuff}$ 空间分布　　　　　（b）NO$_2$的 $\bar{\chi}^2_{shuff}$ 空间分布

（c）O$_3$的 $\bar{\chi}^2_{shuff}$ 空间分布　　　　　（d）SO$_2$的 $\bar{\chi}^2_{shuff}$ 空间分布

（e）PM10的 $\bar{\chi}^2_{shuff}$ 空间分布　　　　　（f）PM2.5的 $\bar{\chi}^2_{shuff}$ 空间分布

图 5-10　郑州市各污染物在-20≤q≤0 时耦合贡献 $\bar{\chi}^2_{shuff}$ 值的二维空间分布

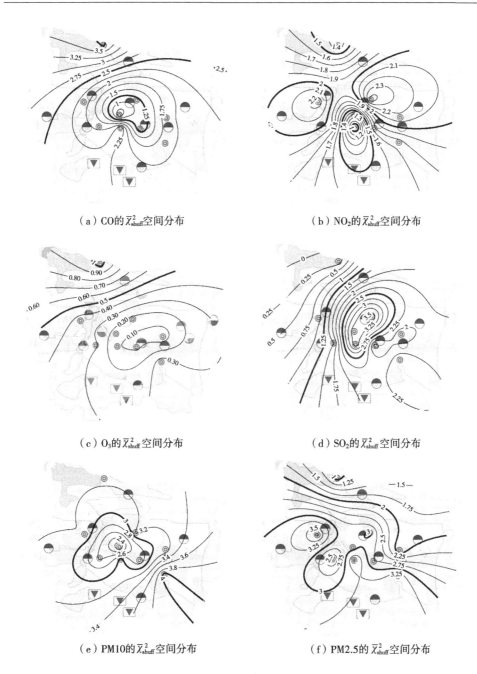

（a）CO的$\overline{\chi}^2_{\text{shuff}}$空间分布　　　　　　（b）NO$_2$的$\overline{\chi}^2_{\text{shuff}}$空间分布

（c）O$_3$的$\overline{\chi}^2_{\text{shuff}}$空间分布　　　　　　（d）SO$_2$的$\overline{\chi}^2_{\text{shuff}}$空间分布

（e）PM10的$\overline{\chi}^2_{\text{shuff}}$空间分布　　　　　　（f）PM2.5的$\overline{\chi}^2_{\text{shuff}}$空间分布

图 5-11　郑州市各污染物在 $0 \leqslant q \leqslant 20$ 时耦合贡献 $\overline{\chi}^2_{\text{shuff}}$ 值的二维空间分布

城区范围内进行插值，精度会更高。但考虑到岗李水库站点的位置也很重要，是唯一考察绿地水库污染情况的站点，因此有必要将岗李水库站点考虑进去。为了得到更全面更精确的插值分布结果并进行分析，因此本章对郑州市九个站点的六种污染物的浓度和耦合贡献，以及郑州城区八个站点的六种污染物的浓度和耦合贡献分别进行克里金插值，通过同类别的对比分析，可以互相补充，得到更加精确的结果，如图5-9至图5-11所示。图5-9、图5-10和图5-11对郑州市九个站点采用克里金等值线插值方法通过等值线的表现手法来表达六种污染物的浓度和耦合贡献的空间分布。

从图5-9至图5-11可以看出，郑州市和郑州城区的浓度值及耦合贡献 $\overline{\chi}^2_{shuff}$ 值空间分布结果大致相同，个别污染物的分布稍有变化。如郑州市九个站点和郑州城区八个站点的 NO_2 浓度分布，总体上郑州市 NO_2 污染浓度呈现从西南向东北递减的趋势，郑州城区 NO_2 污染浓度呈现由西向南递减的趋势。将郑州市空间分布图中的郑州城区空间分布划分出来会发现，其空间分布和单独郑州城区的污染物浓度值空间分布有些不同。单独的郑州城区范围内的空间分布规律更明显更精确，缺点是不能表达整个郑州市的情况。再如郑州市九个站点的PM10污染物浓度值空间分布，总体上呈现从西北到东南递减的趋势，其中东南地区最低，而关于郑州城区八个站点的浓度空间分布总体呈现由西向东递减的趋势，其中西部最高、中部最低。这应该是受岗李水库站点浓度值高的影响，使得整个郑州市西北部的黄河风景名胜区也被划分为PM10浓度最高部分，这也反映了一些问题，即风景水库区污染很严重，不容忽视。将整个西北部风景名胜区全部划到PM10浓度最高部分也有一定偏差，在分析时可将此误差考虑进去。其他污染物浓度或耦合贡献 $\overline{\chi}^2_{shuff}$ 值空间分布也有类似情况，我们将会在下面对空间分布趋势进行分析时详细说明。

（1）CO浓度及耦合贡献空间趋势分析。从图5-9（a）的污染物浓度城区分布层可看出郑州市区和城区的CO平均浓度均呈现东南和西北部高、中间低的空间分布趋势，这与工厂、热电厂、热源厂及密集的城市交通有关。从功能分区可看出，郑州市城区的 CO 高浓度区位于郑州东、西部的工业分布区，以及郑州市密集的交通人口分布商业区，一般情况下 CO 在大气中较为稳定，可以稳定地保留一段时间。CO 是一种有剧毒的窒息性气体，吸入后会对人体健康造成极大的伤害。CO 在大气环境中的含量较少，其主要来自燃料燃烧和机动车排气，如机动车尾气、炼钢、炼铁、焦炉、煤气站、采暖锅炉、民用炉灶、固体废弃物焚烧排出的废气。

由图 5-9（a）和图 5-10（a）的污染物耦合贡献城区分布图层知郑州市九个站点和郑州城区八个站点中，CO 在 $-20 \leq q \leq 0$ 时的耦合贡献空间分布总体均呈现由西南向东北递减的趋势，并且市监测站及烟厂附近值较高，说明这段灰霾期间 CO 在市监测站及烟厂附近对灰霾系统浓度波动较小的部分影响比较大。市监测站及烟厂附近是郑州居民集聚区、交通密集区，郑州火车站就在该地区，也就使得这些地方大气环境比较复杂，CO 也较容易发生相关化学反应。CO 也是 O_3 的重要前体物之一，但它对 O_3 的贡献与 NO_2 有关，在较高 NO_2 浓度的条件下，CO 的氧化过程会导致 HO_2 自由基的产生，从而进一步反应生成 O_3，这样就会导致 O_3 的浓度增加。由图 5-9（b）和图 5-9（c）可以看出，O_3 在市监测站及烟厂附近浓度值的确比较高，NO_2 在市监测站等相近区域浓度也相对比较高。这说明 CO 在这部分地区更多地参与化学反应生成了 O_3，因此在这些地方 CO 对灰霾系统浓度小波动部分会起到更大的作用，而在东北区域反应弱的地方贡献相对小一些。

由图 5-11（a）可以看出，在 $0 \leq q \leq 20$ 时，郑州市九个站点 CO 耦合贡献的空间分布总体呈现由西北向东南递减的趋势，并且郑纺机周围最低。由图 5-11（a）可知，这段灰霾期间 CO 在西北部岗李水库附近对灰霾系统浓度波动较大的部分耦合贡献比较大，说明此处 CO 对灰霾系统浓度大波动部分影响比较大，这跟水库附近湿度较大从而有利于 CO 发生化学反应有关。CO 在郑州市城区郑纺机中心位置附近对灰霾系统的浓度大波动部分贡献最小，并且向东、西、南三个方向辐射递增，尤其是西南部影响较大，这与 CO 的浓度分布有关，表明 CO 在整个灰霾系统中对浓度大波动部分的贡献大小与它本身浓度高低相关，浓度高的地方，CO 对灰霾浓度大波动影响更大一些，其贡献更大一些。另外，由于此段重灰霾期间，郑州市主要以北风为主导风向，因此也使得 CO 更容易在南部附近累积，从而使其在南部对灰霾系统浓度大波动的影响更大。

总之，CO 在 $-20 \leqslant q \leqslant 0$ 时的耦合贡献空间分布与 $0 \leqslant q \leqslant 20$ 时的耦合贡献空间分布不尽相同，说明 CO 在此次重灰霾期间对灰霾系统浓度的大波动和小波动部分的影响存在明显的空间差异。这与郑州市功能分区有关，不同的地区由于空气环境污染的复杂度不一样，导致 CO 对系统大小波动的影响存在空间差异。从以上分析可大概得出，在灰霾系统浓度小波动范围（$-20 \leqslant q \leqslant 0$）可能更多是由于 CO 化学反应对灰霾起到更大的影响，而灰霾系统浓度大波动范围（$0 \leqslant q \leqslant 20$）可能跟 CO 的浓度分布更相关一些。

（2）NO_2 浓度及耦合贡献空间趋势分析。本章前面已经提到，郑州市九个站点的 NO_2 污染浓度空间分布总体上呈现从西南向东北递减的趋势，郑州市城区八个站点的 NO_2 污染浓度空间分布总体上呈现由西向东递减的趋势。将郑州市空间分布图中的郑州市城区空间分布划分出来会发现，其空间分布和单独郑州市城区的污染物浓度值空间分布有些不同。郑州市城区范围由于插值点更密集，因此空间分布规律更精确。由图 5-9（b）的污染物浓度城区分布图层知郑州市城区 NO_2 平均浓度空间分布呈现由西向东递减的趋势，这与人为产生、工业区的排放及冬季以北风为主导方向等因素相关。NO_2 的人为产生主要来自高温燃烧过程的释放及生产和使用硝酸的过程。由功能分区知郑州市西部城区是工业集中区，并且还是热电厂、热源厂和垃圾处理厂的集聚区；同时，此地区包含郑州中原区、二七区和金水区部分，是郑州市人口最密集的地方；郑州火车站和郑州汽车客运总站都在这里，陇海高架的建成也让这里车流量大增，尤其是私家车数量增速很快，因此该地区是机动车聚集的地方。这些原因都使得 NO_2 在城区西部浓度最大。城区东部偏北地区，尤其是烟厂和银行学校站点周围多为学校、公园和居民生活区，车流量相对较少，因此 NO_2 排放少。以上原因最终形成 NO_2 浓度由西向东方向递减的趋势。众所周知，NO_2 是形成硝酸型酸雨的基础，然而 NO_2 最大的问题在于 NO_2 在可见光作用下，分解为 NO 和原子态氧。这是对流层中极为重要的化学反应，由此引起系列反应，为光化学烟雾形成的开端。该原子态氧具有极强的氧化性，与空气和污染物作用生成 O_3。由图 5-9（b）还可看出，郑州市北部岗李水库地区 NO_2 浓度是最低的，因为该区主要是黄河风景名胜区和水库，NO_2 排放更少，因此浓度也最低。

由图 5-10（b）的耦合贡献城区分布图层可以看出，$-20 \leqslant q \leqslant 0$ 时，郑州市城区 NO_2 在灰霾系统浓度小波动部分的耦合贡献 $\overline{\chi}^2_{shuff}$ 值空间分布呈现以四十七中和郑纺机为中心的中部地区向西北和东南两端降低的趋势，说明 $-20 \leqslant q \leqslant 0$ 时，这段重灰霾期间 NO_2 在市中心偏东和偏西部对灰霾系统浓度小波动部分耦合贡献影响比较大，在南北两端对灰霾系统浓度小波动部分耦合贡献影响比较小。由图 5-10（c）的耦合贡献城区分布图层可知郑州市城区 O_3 在市中心偏东、偏西部的值最高，与 NO_2 耦合贡献 $\overline{\chi}^2_{shuff}$ 值空间分布趋势类似，表明此处 NO_2 在一定条件下发生化学反应生成一定量的 O_3，由于是灰霾期间，光化学反应能力较弱，因此 NO_2 和 O_3 只影响整个系统浓度较小的波动，并存在空间差异。由图 5-9（b）和图 5-9（c）的污染物浓度城区分布图层可看出 NO_2 和 O_3 的浓度空间分布呈相反趋势，这一方面跟功能分区导致 NO_2 的排放量增大有关，另一方面也跟 NO_2 发生化学反应生成 O_3 过程有关，综合各方面的因素使得 NO_2 对灰霾系统浓度的小波动影响呈现市中心东西两边高、南北两端低的趋势。对于图 5-10（b）郑州市 NO_2 的耦合贡献 $\overline{\chi}^2_{shuff}$ 值空间分布也呈现以中部地区向西北和东南两端降低的趋势，其中岗李水库处于黄河风景名胜区，湿度大且对环境污染的容纳量更强，又因为冬季主要吹北风，且此处的 NO_2 浓度也很低［见图 5-9（b）］，

导致 NO_2 的耦合贡献相对小一些。

从图 5-11（b）可以看出，郑州市 NO_2 耦合贡献空间分布呈现以供水公司和银行学校为中心的市中间地带向南北两端递减的趋势，说明 $0 \leqslant q \leqslant 20$ 时，这段重灰霾期间以供水公司和银行学校为中心的偏东和偏西部对灰霾系统浓度大波动部分耦合贡献影响比较大，在南北两端对灰霾系统浓度大波动部分耦合贡献影响比较小。郑州市城区西部，NO_2 在灰霾系统大波动的耦合贡献率偏高，应该是和浓度分布有关，此处 NO_2 的浓度也比较高，NO_2 可能发生光化学反应生成硝酸盐，进而形成气溶胶，从而导致其耦合贡献大。因此，从图 5-9（e）、图 5-9（f）中的污染物浓度空间分布层可看出，城区西部的 PM10 和 PM2.5 浓度都比较高，这可能与 NO_2 生成二次气溶胶有关，导致 PM10 和 PM2.5 浓度升高。城区北部 NO_2 的耦合贡献也比较大，虽然北部 NO_2 浓度偏低，但 NO_2 在一定条件下发生化学反应生成 O_3 及二次硝酸盐，从而为 O_3 和 PM2.5 浓度升高做出贡献，图 5-9（c）和图 5-9（f）中 O_3 和 PM2.5 浓度值也较高证实了这一点。城区南部 NO_2 贡献小一些，表明在此处 NO_2 在灰霾系统大波动部分的耦合贡献不大，尤其在医学院附近，O_3 浓度也最低［见图 5-9（c）］，即 NO_2 生成 O_3 的光化学反应发生得更少，从而耦合贡献就小。

总之，污染物对灰霾系统的浓度大波动和小波动同时都会有影响，只是影响的大小和空间分布不同而已，我们分开两部分进行分析也正是说明这一点。根据前文的分析我们已经得出，NO_2 在 $-20 \leqslant q \leqslant 0$ 时灰霾系统浓度小波动部分的影响比在 $0 \leqslant q \leqslant 20$ 时灰霾系统浓度大波动部分的影响更大。$0 \leqslant q \leqslant 20$ 时郑州市 NO_2 耦合贡献空间分布和 $-20 \leqslant q \leqslant 0$ 时的分布结果类似，只是在 $0 \leqslant q \leqslant 20$ 时的中部最大值影响区域比 $-20 \leqslant q \leqslant 0$ 时的整体向北偏移了一些。受岗李水库耦合贡献值及其他站点耦合贡献最大值的空间差异影响，NO_2 在郑州市城区灰霾系统浓度的大小波动部分的贡献影响也存在空间差异。$-20 \leqslant q \leqslant 0$ 时郑州市城区 NO_2 在灰霾系统浓度小波动部分的耦合贡献 $\overline{\chi}^2_{\text{shuff}}$ 值空间分布呈现以四十七中和郑纺机为最高值的中部东西两边高、南北两端低的趋势，而 $0 \leqslant q \leqslant 20$ 时郑州市城区 NO_2 耦合贡献空间分布呈现由南向北递增的趋势。根据分析，$0 \leqslant q \leqslant 20$ 时，即在灰霾系统浓度大波动范围，耦合贡献空间分布趋势主要跟 NO_2 在一定条件下发生化学反应最终生成二次污染物 PM2.5 有关，从而在相对应地区对系统浓度大波动部分的影响更大。数据显示，郑州市 NO_2 的污染有上升趋势，对于 NO_2 的污染不容忽视，因为受长期持续性的影响，NO_2 的污染也会积累和持续一段时间，最终会影响灰霾系统的大波动范围，加重灰霾天气，应给予足够的重视。

（3）O_3 浓度及耦合贡献空间趋势分析。由图 5-9（c）的浓度空间分布层可以看出，O_3 浓度空间分布总体上都呈现由四周向中部递增的趋势，其中南部和西部较低，北部较高，中部最高。这与 NO_2 在一定条件下发生化学反应生成 O_3 有关。另外，郑州市北部多为水库及风景区，由于 O_3 具有极强的化学活性，因此 O_3 形成后会继续与其他污染物发生反应，从而导致污染不断加剧的地区会暂时把臭氧变成其他污染物，然后这种污染物可能会慢慢飘到郊区等偏离市中心的地方又重新变回 O_3。由图 5-9（a）、图 5-9（b）、图 5-9（e）、图 5-9（f）可知，城区 CO、NO_2、PM10、PM2.5 等污染物市中心浓度比东、西部浓度都更低，因此导致城市中心地区臭氧"吃掉"的少，于是 O_3 浓度更高。另外，空气中大量气溶胶粒子的存在对空气中的 O_3 起到了清除的作用，在 O_3 浓度高的部分，PM10 和 PM2.5 较低，O_3 的浓度空间分布与之相反，由图 5-9（e）、图 5-9（f）可知，PM10 和 PM2.5 城市中心浓度低，因此对 O_3 清除的作用就小一些。以上是导致城市中心地区 O_3 浓度偏高的原因。

由图 5-10（c）可看出，$-20 \leqslant q \leqslant 0$ 时，郑州市 O_3 在灰霾系统浓度小波动部分的耦合贡献呈现中西部向南北两方向递增的趋势。从耦合贡献空间分布趋势可发现，郑州市的 O_3 耦合贡献空间分布趋势与相应的 O_3 浓度分布趋势正好相反，这说明 O_3 发生光化学反应从一定程度上消耗了 O_3，使得其浓度降低。在上文我们讨论过，O_3 光解导致 OH 自由基的产生是对流层光化学的重要触发机制，

O_3 还易与烃类发生反应而产生含氢的自由基和大分子的碳氢氧自由基，这些物质又可能与复杂的有机化合物发生更为复杂的反应，造成环境污染。O_3 在光照和水分子的参与下易发生光解反应，由于北部岗李水库及黄河风景名胜区附近湿度大，更容易使 O_3 发生光解反应，由于冬天光照并不是很强，因此只能在小波动范围内相对影响更大一些，O_3 也受到消耗。在经开区管委会的西南部，也是工业集中区，经开区管委会站点附近聚集了很多与钢铁机械、铸造材料、耐火陶瓷、涂料等方面的大型公司和工厂，同时也是人口比较密集的地区，车辆比较多，使得 CO、NO、NO_2 等污染物排放量大、浓度相对较高 [见图 5-9（a）和图 5-9（b）]，这也使得 O_3 在复杂的空气环境中更容易发生光化学反应，更有可能与 NO 和 NO_2 等物质发生化学反应，对整个环境带来不利影响，也使得此处 O_3 的浓度降低 [见图 5-9（c）]，但对灰霾动力系统表现出更大的耦合贡献。

由图 5-11（c）可看出，$0 \leqslant q \leqslant 20$ 时，郑州市 O_3 在灰霾系统浓度大波动部分的耦合贡献整体呈现东南部向西北部递增的趋势，其中中部地区最低。上一节已分析，在 $0 \leqslant q \leqslant 20$ 时的灰霾系统浓度大波动部分，O_3 整体的贡献率是最小的，这主要是因为冬季太阳光的紫外线辐射不强，又是在灰霾期间，光化学反应能力较弱所致。O_3 主要影响灰霾动力系统浓度较小的波动，对灰霾系统浓度大波动部分虽然也有影响，但影响能力很弱。由图 5-10（c）和图 5-11（c）及图 5-7（b）和图 5-8（b）可看出，整体上 O_3 对灰霾系统浓度大波动（$0 \leqslant q \leqslant 20$）的影响趋势和对灰霾系统浓度小波动（$-20 \leqslant q \leqslant 0$）的影响趋势是类似的，这表明在郑州市区域内 O_3 对灰霾动力系统浓度小波动的影响较大或较小的同时对浓度大波动的影响也相应比较大或比较小。

由以上分析，对于郑州市冬季这次重灰霾期间，由于光化学反应较弱，导致 O_3 很难影响系统其他污染物浓度的剧烈波动，只是在灰霾系统浓度小波动范围起主要作用，而在灰霾系统浓度大波动时 O_3 不起决定性作用。受此影响，O_3 对灰霾系统浓度小波动（$-20 \leqslant q \leqslant 0$）的耦合贡献空间分布一定程度上决定了其对灰霾系统浓度大波动耦合贡献的空间分布（$0 \leqslant q \leqslant 20$），使得两种状态下 O_3 呈现近似的空间分布趋势。

（4）SO_2 浓度及耦合贡献空间趋势分析。由图 5-9（d）可以看出郑州市 SO_2 浓度空间分布呈现以供水公司、郑纺机和四十七中等为中心的中部东西两侧向南北两端递减的趋势。首先，城区西部及东部是工厂集中区，工厂废气排放是污染物 SO_2 的主要来源。其次，这些地区也是人口密集区，冬季正是取暖时期，由交通、燃煤取暖等方式排放的污染气体，也是 SO_2 的一个重要来源。最后，从图 5-9（d）中可看到 SO_2 的产生应该与热电厂、热源厂和垃圾处理厂的分布也有很大关系。在整个西部地区尤其在郑纺机附近，SO_2 浓度最大，一方面是因为西部地区是工业集中区，另一方面在郑纺机站点附近分布着一些污染环境较为严重的企业，这也是 SO_2 浓度高的直接原因。虽然城区东部及南北部地区 SO_2 的实际浓度值也不小，这可能与冬季燃煤取暖及机动车尾气排放有关，但排放源比西部地区相对少一些，因此整体上 SO_2 浓度相对偏低。

由前文分析可知，灰霾动力系统大波动部分（$0 \leqslant q \leqslant 20$），$SO_2$ 起主导作用，因此我们首先来分析一下 $0 \leqslant q \leqslant 20$ 时 SO_2 耦合贡献的空间分布情况。由图 5-11（d）可知，$0 \leqslant q \leqslant 20$ 时，郑州市 SO_2 耦合贡献的空间分布整体呈现围绕医学院、银行学校和郑纺机为中心的中部及东南部地区向西北部地区减小的趋势，其中经开区管委会为中心的东南部地区较高，医学院、银行学校和郑纺机为中心的中部地区最高，岗李水库为中心的西北部地区最低。此分布与 SO_2 浓度的空间分布不同，说明排入大气中的 SO_2 与其他污染物的耦合关系在各个地方有可能表现出不同的强弱，其耦合贡献大小也不一样，SO_2 浓度高的地方其耦合强度不一定大，还会受到气象及污染物之间耦合化学反应条件等的影响，即影响 SO_2 发生耦合化学反应可能存在多种因素。由图 5-11（d）可知在郑纺机附近 SO_2 的浓度很高，更有可能发生耦合化学反应，从而导致其耦合贡献在该区比较大。在医学院及银行学校附近虽然实际浓度值相对比较小，因为此处主要是居民区、医院和学校，远离工业区污染源，其污染气体主要是由取暖燃煤和附近热源厂等排放的 SO_2 及汽车尾气等排放的 NO_2。由图 5-11（b）及图 5-8（b）可知 NO_2 在医学院耦合贡献最小，因此相比其他有更复杂的污染源地区，该区域的灰霾主要由 SO_2 引起，SO_2 对此处的灰霾系统起主要作用。由图 5-8（b）还可看出 NO_2、SO_2、PM2.5 与 PM10 的耦合贡献在银行学校附近都出现了上升的趋势，说明在此处它们共同参与了一系列耦合化学反应，NO_2、SO_2 与 O_2 在光化学反应下产生硝酸、硫酸及 O_3，因此 O_3 的贡献率在这里较大，并且 SO_2 生成的硝酸、硫酸等又形成气溶胶，然后转化为 PM2.5 与 PM10，因此 PM2.5 与 PM10 的贡献率都出现了局部极大值。虽然在银行学校附近 PM2.5 与 PM10 等的浓度相对其他地方较低，但其绝对浓度值也很高，因此相比其他地方，SO_2 在该地区的耦合贡献或者说对灰霾系统大波动的影响更大。这段灰霾期间郑州市刮的主要是北风和西北风，这可能对 SO_2 在东南部与其他污染物耦合有积极的影响，使得 SO_2 在中南部的耦合贡献较大。在郑州市西部供水公司及市监测站附近地区 CO、NO_2 的贡献都高于 SO_2［见图 5-8（b）］，这说明该地区 CO、NO_2 等污染物更多地参与了耦合化学反应，使得 SO_2 在整个灰霾动力系统中贡献相对较小。岗李水库等附近 SO_2 耦合贡献最小，岗李水库周围主要为水库还有黄河风景名胜区，没有产生 SO_2 的污染源，由图 5-9（d）知其浓度也最低，这也是 SO_2 耦合贡献小的原因。

由图 5-10（d）可知 $-20 \leqslant q \leqslant 0$ 时，郑州市 SO_2 耦合贡献的空间分布整体呈现围绕医学院和银行学校为中心的中部地带向东部和西北部两端递减的趋势。由图 5-7（b）和图 5-8（b）可知，在 $0 \leqslant q \leqslant 20$ 和 $-20 \leqslant q \leqslant 0$ 时，较大值都出现在银行学校和医学院，较小值都出现在岗李水库，由于冬季取暖燃煤使 SO_2 排放增多，使得 SO_2 对灰霾的产生和持续所起的贡献增大，对灰霾系统中的浓度大波动部分起了主导作用，同时也影响灰霾系统中的浓度小波动部分。对于其他像经开区管委会、四十七中和郑纺机等地 SO_2 对系统小波动部分影响相对较小，跟 SO_2 更多地影响灰霾系统大波动有关，也突出了 SO_2 在灰霾系统大波动部分所起的作用更显著。

（5）PM10 和 PM2.5 浓度及耦合贡献空间趋势分析。PM10 和 PM2.5 是灰霾的直接表现形式，在此重灰霾期间 PM2.5 是首要污染物，PM10 的颗粒含量也主要是 PM2.5 细颗粒，但也包括少量粗颗粒 PM2.5～PM10。由图 5-9（e）和图 5-9（f）可知，PM10 和 PM2.5 各个站点的浓度相差不大。但总体上，它们的浓度空间分布还是存在空间差异的。PM10 浓度空间分布整体上呈现由西向东递减的趋势，PM2.5 呈现四周向市中心递减的趋势，PM2.5 浓度最低的在市中心区域，最高的在城区西部地区。整个郑州市城区的 PM10 和 PM2.5 都很严重，浓度值相差不大。城市 PM10 和 PM2.5 污染物的生成主要来自两个方面：一是人类的直接排放；二是气态前体物的化学转化。人类直接排放主要来自工业排放及石化燃料和垃圾等的燃烧。气态前体物主要来自机动车尾气排放，其成分包括 SO_2、NO_x 和 NH_3 等。此外，其他来源还包括道路、建筑施工扬尘和工业粉尘等。值得一提的是，近年来扬尘污染成了郑州市最重要的 PM10 和 PM2.5 污染来源。建筑施工排放的扬尘颗粒物主要是在拆迁、地基开挖和原料渣土装卸运输过程中扩散的。郑州市规划 2016 年底前四环外、城市规划区内及周边 3000 米范围内的棚户区改造项目拆迁完毕，其中 40%建筑工地主要分布在市区西北部，并非均匀分布在市区，对扬尘有较大影响。这也是 PM10 和 PM2.5 在西北部呈现较高浓度的原因。另外，由于工业区分布在城市中心周围的东、西部，并且急剧增加的机动车尾气排放及光化学反应生成的二次污染物等原因，使得 PM10 整体上呈由西北向东南方向递减的趋势，以及 PM2.5 呈现四周向市中心递减的趋势，PM2.5 浓度最低的在市中心区域。

由图 5-10（e）和图 5-10（f）可知，在 $-20 \leq q \leq 0$ 时，PM10 在灰霾体系小波动中的贡献呈现以郑纺机和四十七中为中心的中间地带向南北两端递减的趋势；而 PM2.5 耦合贡献呈现由西向东方向递减的趋势。由图 5-9 可知，CO 平均浓度在东南和西北部高，NO_2 污染浓度呈现西南部高，O_3 浓度北部偏高、中部最高，即 CO、NO_2 和 O_3 浓度高的区域合并在一起填满了 PM2.5 和 PM10 耦合贡献较大的地方。由图 5-10 可知 CO 在西部和中部对灰霾系统小波动部分耦合贡献较大，NO_2 在市中部东西两侧耦合贡献比较大，CO 与 PM2.5 耦合贡献趋势相近，NO_2 和 PM10 耦合贡献趋势相近。以上说明在灰霾小波动部分，CO、NO_2 和 O_3 对 PM2.5 和 PM10 的影响较大，它们在灰霾系统小波动部分关系密切，相互影响。由图 5-11（e）和图 5-11（f）可知，在 $0 \leqslant q \leqslant 20$ 时，PM10 在灰霾体系大波动中的耦合贡献整体上呈现由西北向东南递增的趋势，其中以郑纺机等为中心的中部地区最小，以经开区管委会为中心的东南部最高；PM2.5 耦合贡献呈现由西南向东北方向递减的趋势。由于 PM2.5 和 PM10 是最终污染物，它们的耦合贡献主要跟其他一次污染物如 CO、NO_2、SO_2 等耦合贡献相关，同时也与人类排放有关，相对比较复杂。如在经开区管委会及银行学校［见图 5-8（b）］附近，CO、NO_2、SO_2 和 O_3 的耦合贡献相对都比较高，即它们之间发生系列化学反应，最后转化为 PM2.5 和 PM10，因此使得 PM2.5 和 PM10 在这些地方的耦合贡献也增大。由图 5-8（b）中的耦合贡献曲线图的趋势可知，SO_2 对 PM2.5 和 PM10 灰霾系统的大波动部分起主导作用，对其影响最大、贡献最大。

第五节 大气污染耦合演化对城市
生态的影响及调控策略

随着郑州市经济的快速发展，能源消耗量大幅增加，导致 CO、NO_2、SO_2 等一次污染物的排放迅速上升。这些污染物不仅在大气中积累、扩散和转移，还作为气态前体物，通过复杂的化学反应生成二次污染物。例如，在太阳光的作用下，NO_2 容易发生光化学反应生成强氧化性的 O_3，而 O_3 进一步促进其他污染物的形成。此外，NO_2 和 SO_2 经过一系列反应可能最终转化为颗粒物 PM2.5 和 PM10。PM2.5 由于其较大的比表面积，能够显著促进大气中气态物质的化学反应，生成更多的 PM2.5，形成反复循环的反应过程，导致细颗粒物在空气中大量累积，进一步恶化空气质量。研究表明，空气污染越严重的时段，二次污染物所占比例越高，表明通过大气化学过程生成的二次污染物对空气质量恶化起到了关键作用。

在郑州市，PM10 和 PM2.5 的生成主要来自人类直接排放和气体污染物的化学转化。直接排放主要来自燃烧过程，如石化燃料燃烧和垃圾焚烧等。气体污染物的化学转化则主要来自机动车尾气排放，其成分包括 SO_2、NO_x、NH_3 和 VOC_S 等。此外，其他人为来源如道路扬尘、建筑施工扬尘、工业粉尘、厨房烟气和室内装修等也对 PM10 和 PM2.5 的生成有显著贡献。值得注意的是，近年来扬尘污染已成为郑州市 PM10 和 PM2.5 的主要来源，尤其在冬春季节，由于气候干燥、裸土面积增大及春季风沙频发，扬尘污染尤为严重。工业排放和机动车污染也对 PM10 和 PM2.5 的生成具有重要影响。

本章利用 CDFA 方法，对郑州市 2016 年 12 月 17 日至 2016 年 12 月 26 日一次严重灰霾天气中的 CO、NO_2、O_3、PM2.5、PM10、SO_2 六种污染物的耦合关系进行了研究。CDFA 方法能够量化不同污染物在灰霾天气中的耦合相关性及其对系统的贡献，从而揭示各污染物在灰霾动力系统中的作用和地位。研究发现，灰霾污染具有明显的空间特征，城市规划中污染源的分布对灰霾的形成有显著影响。此外，污染物具有局部和长距离输送能力，可能导致局部污染扩散到更大范围。

为了深入分析污染物的空间分布规律，本章采用克里金插值方法，通过二维等值线图和三维分层设色图两种方式，对 CO、NO_2、O_3、PM10、PM2.5、SO_2 六种污染物在郑州市九个站点和城区八个站点的耦合贡献进行了空间插值分析。通过空间分析，可以识别各站点对灰霾天气贡献最大的重点污染物，从而有针对性地进行干预和控制，达到改善环境、降低灰霾的目的。结合 CDFA 方法对各污染物的浓度及贡献大小进行空间插值分析，不仅为灰霾污染系统研究提供了新的视角，也为灰霾污染防治提供了有力的理论方法和科学依据。例如，O_3 的气态前体物在不同空间位置的比例存在差异，即使在同一个城市的城区与郊区，其比例也可能不同。因此，明确不同空间位置的 O_3 形成机制，并采取针对性的治理措施，才能有效控制 O_3 污染。这方面的工作需要环保部门与科研机构的紧密合作。

本章研究结果表明，灰霾期间各污染物之间的耦合关系极为复杂，这种复杂性使得污染物的演化过程具有较强的稳健性，不易被外部干预破坏。这也解释了为什么传统的灰霾治理措施（如红色预警期间的污染源关停）往往难以奏效。实际上，灰霾的消散主要依赖大风或降雨等气象因素，而在灰霾发生后进行人为干预的效果有限。传统观点认为，在重度灰霾期间采取红色预警措施（如关停污染源）有助于灰霾消散，但如果污染物演化具有高度复杂性，即使微小的污染源排放也可能导致灰霾持续存在。这种复杂系统特有的稳健性，使得灰霾治理需要更加科学和精准的策略。

综上所述，大气污染耦合演化对城市生态的影响深远且复杂。通过 CDFA 方法和空间插值分析，可以揭示污染物之间的耦合关系及其空间分布规律，为生态城市规划提供科学依据。例如，针对 NO_2 和 SO_2 在灰霾消散中的重要作用，可通过优化工业排放控制和推广清洁能源等措施，有效降低其浓度，从而改善空气质量。未来的研究应进一步探索污染物耦合演化的动态机制，结合智慧城市技术，构建"监测—预测—决策—评估"一体化的污染治理体系，为实现"美丽中国"目标提供科学支撑。

第六章　基于复杂网络的大气污染生态调控研究

第一节　引言

　　大气污染系统是一个典型的复杂系统，其演化过程涉及多种污染物耦合、气象条件、城市功能布局等多重因素的相互作用，呈现出显著的非线性特征。为了揭示大气污染系统的内在规律，符号动力学提供了一种有效的工具，通过构建污染系统的运动轨道与形式语言之间的联系，借助语法复杂性理论刻画污染系统的复杂性。其核心在于利用符号动力学对时间序列进行粗粒化处理，通过舍去非本质细节，突出污染系统在特定层次上的关键特征量，从而更好地揭示其非线性本质（Zhen et al.，2013；Qian et al.，2015）。基于复杂网络的理论与方法，研究大气污染的非线性演变规律，不仅是一种新的尝试，更在理论与实践上具有重要的研究价值。

　　本章从复杂网络的角度出发，以郑州市 2016 年 12 月 1 日 00：00 至 2017 年 1 月 31 日 24：00 的首要污染物 PM2.5 为研究对象，揭示其空气污染变化的动力学特征。具体而言，根据粗粒化同质划分方法，结合 PM2.5 污染指数波动的具体值进行符号划分，将 PM2.5 污染波动指数转化为由五个特征字符 {R，r，e，d，D} 构成的空气污染符号序列。以符号序列中的 125 种 3 字串组成的污染波动模态作为 PM2.5 污染系统网络的节点，按照时间顺序连边构建有向加权的 PM2.5 污染波动网络。该网络的拓扑结构蕴含了波动模态间相互作用的非线性动力学机制信息，具体体现在污染波动网络的动力学统计特征量和拓扑参数中。通过分析这些特征量和参数，可以获取污染波动网络的内在规律性，从而更好地理解空气污染系统的复杂性特征。

为了更准确地刻画 PM2.5 污染波动的非线性特征，本章提出了一种可适应概率空间粗粒化（Adaptable Probability Space Coarse Graining，APSCG）方法。该方法将 PM2.5 污染指数转化为由五个特征字符 {R，r，e，d，D} 构成的空气污染符号序列。与传统的等概率原理符号化转换方法（周磊等，2009）相比，APSCG 方法直接依据污染数据的具体波动值进行划分，能够更真实地贴近污染波动特征，使符号化结果更好地表达数据的无标度特征。这种改进不仅提高了符号化过程的精度，还使得分析结果更能反映污染系统内在的本质规律，为后续的复杂网络构建与分析提供了更可靠的基础。

通过构建 PM2.5 污染波动网络，本章旨在揭示郑州市大气污染系统的复杂性和非线性动力学特征，为生态调控提供科学依据。具体而言，研究将重点关注以下方面：

（1）网络拓扑特征的定量分析。通过计算网络的度分布、聚类系数和介数中心性等拓扑参数，揭示 PM2.5 污染波动网络的无标度特性和小世界效应，识别关键节点及其在污染系统中的"战略"地位。

（2）污染波动模式的动力学机制。分析波动模态之间的转换规律，识别关键波动模式及其对污染系统演化的影响，为污染预警和调控提供理论支持。

（3）生态调控策略的优化。基于复杂网络的分析结果，提出针对性的生态调控策略，如优化城市功能布局、设计通风廊道和绿化带等，以降低 PM2.5 浓度的空间异质性和时间波动性。

本章的研究不仅为理解大气污染系统的复杂性提供了新的视角，还为生态规划中的污染调控提供了科学依据。通过结合复杂网络理论与符号动力学方法，研究揭示了PM2.5污染波动的非线性动力学机制，为构建"监测—预测—调控"一体化的生态治理体系奠定了理论基础。

第二节 复杂网络在生态城市中的理论框架

自1998年WS网络问世以来，复杂网络就吸引了国内外众多科学工作者的注意力。所谓复杂网络是指具有自组织、自相似、吸引子、小世界、无标度中部分或全部性质的网络。现实世界中的许多网络系统都可以通过复杂网络来描述，如社会网、万维网、因特网、电力网、航空网、生物网、科研引用网等。这些现实网络系统的复杂性主要体现在以下三个方面：一是网络结构很复杂，对网络节点间的连接至今仍然没有很清晰的概念；二是网络一直在演化，网络节点一直在增加，节点之间的连边一直在增长，而且边连接存在多样化；三是网络具有复杂的动力学特性，每个节点本身也可以是一个非线性系统，具有分岔和混沌等非线性动力学行为且不停地在变化。

一、度和度分布

研究复杂网络，需要通过一些概念和相关度量方法对复杂网络的结构特性进行描述和量化。下面我们分别介绍一下复杂网络中的度和度分布、累积度分布、聚类系数及介数中心性等相关统计特征量的概念和定义。

（一）度和度分布

节点的度 k 是指与该节点相连接的边数或相连接的其他节点的个数。网络中一个节点的度越大意味着这个节点就越"重要"。网络中所有节点度的平均值称为网络的平均度。

节点的度分布表示的是在网络中随机抽取一个节点，它的度恰为 k 的概率。对于规则网络，由于其所有节点都具有相同的度，是一组简单的度序列，其度分布是单峰的 Delta 分布。完全随机网络的度分布是呈指数下降的 Poisson 分布。研究表明，现实中的很多网络都不是完全随机网络，其度分布不是呈现指数衰减的 Poisson 分布，而是呈指数形式 P（k）$\propto e^{-\frac{k}{\lambda}}$ 或幂律形式 P（k）$\propto k^{-\gamma}$ 的分布。

其实很多实际网络的度分布都表现为幂律形式 P（k）$\propto k^{-\gamma}$。幂律分布也称为无标度分布，具有幂律分布的网络被称为无标度网络。幂律分布相对于 Poisson 分布曲线下降得更为缓慢，我们常用度的累积分布来对其进行描述。

（二）累积度分布

除了度分布，人们还可以用累积度分布函数（Cumulative Degree Distribution Function）描述度的分布情况，它与度分布的关系为：

$$P(k) = \sum_{i=k}^{\infty} P(i) \tag{6-1}$$

如果度分布符合 P（k）$\propto k^{-\gamma}$，则累积度分布符合：

$$P(k) \propto \sum_{i=k}^{\infty} i^{-\gamma} \propto k^{-(\gamma-1)} \tag{6-2}$$

即若度分布为幂律分布，则累积度分布也为幂律分布，并且它们的幂相差 1。

如果度分布符合 P（k）$\propto e^{-\frac{k}{\lambda}}$，则累积度分布符合：

$$P(k) \propto \sum_{i=k}^{\infty} e^{-\frac{k}{\lambda}} \propto e^{-\frac{k}{\lambda}} \tag{6-3}$$

即若度分布为指数分布，则累积度分布也为指数分布，并且它们的指数相同。

二、聚类系数

在你的朋友圈关系网络中，你常常会发现你两个朋友之间也是朋友。这一关系可以用复杂网络的聚类系数来描述。聚类系数通常与反映局部网络结构的社团相关。当网络中的两个节点以很高的概率有一个相同的邻接点，则网络将获得较大的聚类系数。

有两种方式定义聚类系数，第一种考虑网络全局，即：

$$C = \frac{3 \times 网络中三角形的总数}{网络中连接三元组的总数} \quad (6\text{-}4)$$

其中，三元组为一个节点无序地与其他节点存在两条边。

第二种将聚类系数定义为网络中每个节点聚类系数的平均值。单个节点的聚类系数是其相邻且相互连接的节点对数目与其相邻节点对总数的比值：

$$C_i = \frac{网络中包含节点\,i\,的三角形总数}{网络中以节点\,i\,为中心的三元组的总数} \quad (6\text{-}5)$$

对于度为 0 或者 1 的节点，上述式中的分子和分母都为 0，我们将此种情况下的节点聚类系数定义为 $C_i = 0$。因此，整个网络的聚类系数为所有节点聚类系数的平均值：

$$C = \frac{1}{N} \sum_{i=1}^{N} C_i \quad (6\text{-}6)$$

对于所有情况，聚类系数的值满足 $0 \leqslant C \leqslant 1$。

图 6-1 中的网络有一个三角形和八个连接三元组，因此根据式（6-4）可以计算出网络的聚类系数为 $C = 3 \times 1/8 = 3/8$。另外，单个节点有局域聚类系数，根据式（6-5）分别计算得到 1、1、1/6、0 和 0。

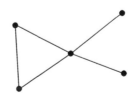

图 6-1 复杂网络中的三元组

在随机网络中，如 ER 模型，它们的聚类系数就比较小，其聚类系数甚至将随着系统规模的增大降至 0。这种情况在许多增长网络模型中出现。然而，现实网络的聚类系数一般来说都相当大，同时当网络规模较大时，聚类系数将保持恒定的常数值。其实现实中的复杂网络并不是完全随机的，而是某种程度上类似"物以类聚，人以群分"的社会关系网络。

三、介数中心性

网络中一个节点的重要程度取决于多种因素。例如，一个网站的重要性依赖于它的内容，路由器的重要性依赖于它的容量。当然，这些性质都可能与网络的本质相关，也可能与网络的拓扑结构毫无关系。我们可以合理地假设网络拓扑使得不同节点具有不同的固有的重要性。节点的度是衡量其中心性的标准之一。网络节点的度越大，与它相连的点就越多，因此该节点的中心性也就越大。然而，节点度不是影响节点的重要性的唯一因素。判断一个节点的重要性，可以通过移除节点的后果来定义，如当节点被移除时，它对仍然连接在网络中的节点数量的影响，或对网络中平均距离的影响。这些定义方式都有各自不同的缺点。因为当整个网络连通性很高的时候，移除一个非常重要的节点对网络的结构影响不大，反而移除一个次要的节点，会致使多个不太重要的邻近节点与其他节点断开连接。一个"寄生"节点仅仅因为与网络中一个非常重要的节点相连接就能获得相对其他节点来说很小的网络平均距离，但是"寄生"节点本身对于整个网络的功能几乎没有影响。

一个获得普遍认同的中心性定义是通过计算经过节点路径的数目来定义该节点的中心性。对于节点 i，计算网络中经过节点 i 的路由路径（即数据流的路径）数目，该数目就决定了节点 i 的中心性。最常见的做法是选择最短路径作为路由路径。因此，可以得到这样的定义：

定义 6-1 节点 i 的介数中心性为经过节点 i 的所有节点间最短路径的数目，即：

$$g(i) = \sum_{\{j, k\}} g_i(j, k) \tag{6-7}$$

其中，$\{j, k\}$ 代表节点对，不考虑 j，k 的前后次序。另外，当节点 j 与节点 k 间的最短路径通过节点 i，那么 $g_i(j, k)$ 等于 1，否则等于 0。实际上，若节点间的连边没有权重，即它们具有相同的长度，那么节点间可能不止一条最短路径。因此，我们一般定义 $g_i(j, k)$ 为：

$$g_i(j, k) = \frac{C_i(j, k)}{C(j, k)} \tag{6-8}$$

其中，$C(j, k)$ 为节点 j 与节点 k 的最短路径的数目，而 $C_i(j, k)$ 为节点 j 与节点 k 经过节点 i 的最短路径的数目。使用这一计算方法时，主要考虑的是如何计算不同最短路径的数目，因为这些最短路径可能存在相同的边。对于存在短回路的随机复杂网络而言，得到的统计影响非常小。因此，对于节点的重要性，我们通常采用式（6-7）作为定义。还需要注意的是，路径的源和目标是否为最小路径的组成部分对介数计算结果存在微小的差别。但是，我们主要关注大度节点，微小差别可以忽略。

第三节　大气污染复杂网络构建与生态治理启示

一、PM2.5 污染复杂网络的建立

对郑州市的 2 个月每小时 PM2.5 污染指数序列构建污染网络，以反映其变化波动特征，从复杂网络的角度给出污染的特征统计性质。接下来我们详细介绍构建污染复杂网络的具体过程。

首先，计算 PM2.5 污染指数序列 P（t）的波动 k（t）：

$$k(t) = \frac{P(t+\Delta t) - P(t)}{\Delta t}, \quad t = 1, 2, \cdots, 1486 \tag{6-9}$$

其中，Δt 为时间间隔，考虑到本章序列并不是很长，为了更精细地研究 PM2.5 污染指数序列的内部信息结构，我们取 $\Delta t = 2$，即任意连续 2 小时之间的 PM2.5 污染指数波动状况。

其次，利用可适应概率空间粗粒化方法对污染波动指数 $k(t)$ 进行划分。

将污染波动指数 $k(t)$ 的分布函数记为 $f(k)$，则：

$$f(k) = \frac{Num(k)}{N} \tag{6-10}$$

其中，$Num(k)$ 为对应一种空气污染指数波动模态 x 发生的次数，其累积分布函数为：

$$F(k) = \int_{-\infty}^{k} f(x)\,dx \tag{6-11}$$

将式（6-11）分为两部分，分别记为 P_1 和 P_2：

$$\begin{cases} \int_{-\infty}^{\theta} f(k)\,dk = P\{k < \theta\} = F(\theta) = P_1 \\ \int_{\theta}^{+\infty} f(k)\,dk = P\{k \geqslant \theta\} = 1 - F(\theta) = P_2 \end{cases} \tag{6-12}$$

于是可以将 PM2.5 污染指数波动 $k(t)$ 划分为五个区间，用符号 R，r，e，d，D 分别表示落在这五个区间的污染指数波动 $k(t)$，即：

$$Si = \begin{cases} D, & 0 \leqslant F(k) \leqslant \frac{2}{5}P_1 \\ d, & \frac{2}{5}P_1 < F(k) \leqslant \frac{4}{5}P_1 \\ e, & \frac{4}{5}P_1 < F(k) \leqslant \frac{1}{5}P_2 + P_1 \\ r, & \frac{1}{5}P_2 + P_1 < F(k) \leqslant \frac{3}{5}P_2 + P_1 \\ R, & \frac{3}{5}P_2 + P_1 < F(k) \leqslant 1 \end{cases} \tag{6-13}$$

符号 R，r，e，d，D 所代表的含义如图 6-2 所示。

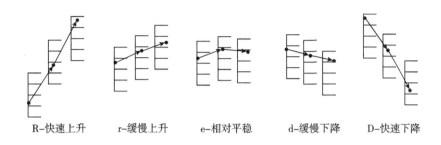

R-快速上升　　r-缓慢上升　　e-相对平稳　　d-缓慢下降　　D-快速下降

图6-2　符号R，r，e，d，D所代表的含义

在进行符号化时我们考虑符号取值问题，即为了保证 D 和 d 取值肯定为负，R 和 r 取值肯定为正，在式（6-12）中取 $\theta=0$，这种划分方法比等概率的划分方法更加合理和精确，是对等概率划分方法的改进。

若记 k_α 为 f（k）分布的下侧 α 分位点，如图 6-3 所示。

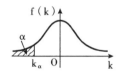

图6-3　f（k）分布的下侧 α 分位数 k_α 示意

式（6-13）中符号 R，r，e，d，D 的分界如图 6-4 所示。

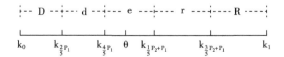

图6-4　符号R，r，e，d，D的分界

由式（6-12）和图 6-4 可知，当 $\theta = k_{\frac{1}{2}}$ 时，即转化为等概率划分方法。

依据这一思想，我们将郑州市 2016 年 12 月 1 日 00：00 至 2017 年 1 月 31 日 24：00 共 2 个月的每小时 PM2.5 污染指数序列 P（t）转化为相应的符号序列：

$$S_P = (S_1, S_2, S_3, \cdots), \quad S_i \in (R, r, e, d, D) \tag{6-14}$$

最后，构建污染指数序列复杂网络。我们在此通过加权网络来描述 PM2.5 污染指数序列中各波动模态之间的关联性和作用，其中污染指数序列复杂网络的节点就是 125 个 3 元字符串的波动模态；污染指数序列复杂网络的边为节点之间的连线，即模态之间的转换，表征了一种污染过程向另一种污染过程的转变；两节点连边的权重即它们之间连边的次数。例如，对于 PM2.5 污染指数序列，本章所构建的污染波动网络中，其符号化序列为：ererrrrRrreeRReRRRRedDDDdderrerrRRRRDDDDRRRReddddrrrrdderReDDDeReRRerddrrrddderderDdDDderRRRrdr erRRRR…，以三元字符串的元结构 {ere, rrr, rrR, rre, eRR, eRR, RRe, dDD, Ddd, err, err, RRR, RDD, DDR, RRR, edd, ddr, rrr, dde, rRe, DDD, eRe, RRe, rdd, rrr, ddd, erd, erD, dDD, der, RRR, rdr, erR, RRR, …} 作为网络的节点，则网络节点的有向连接形态为 ere→rrr→rrR→rre→eRR→eRR→RRe→dDD→Ddd→err→err→RRR→RDD→DDR→RRR→edd→ddr→rrr→dde→rRe→DDD→eRe→RRe→rdd→rrr→ddd→erd→erD→dDD→der→RRR→rdr→erR→RRR→…。据此我们可以针对 PM2.5 污染序列内部各波动模态间相互转换的关系构建有向的加权网络图。图 6-5 为取不同节点个数时所构建的 PM2.5 污染序列加权网络图，其权重就是两节点间的边次数，反映了两节点间的关联程度。如节点 RRR 与节点 rRR 之间的连线最粗，说明这两种 PM2.5 污染波动模式之间的关联程度最密集，表明 RRR 与 rRR 这两种变化模态在这 2 个月的 PM2.5 污染变化中联系最紧密，转换最频繁。

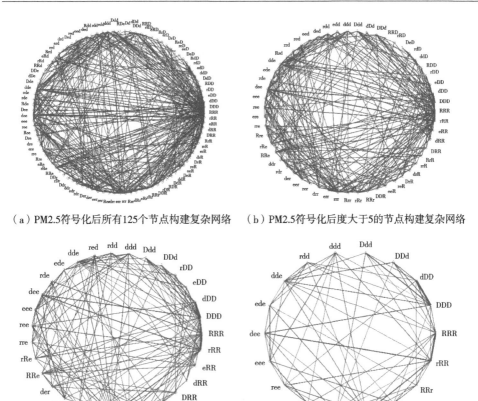

（a）PM2.5符号化后所有125个节点构建复杂网络　　（b）PM2.5符号化后度大于5的节点构建复杂网络

（c）PM2.5符号化后度大于10的节点构建复杂网络　　（d）PM2.5符号化后度大于15的节点构建复杂网络

图6-5　PM2.5污染指数序列筛选不同节点构建的复杂网络

二、大气污染复杂网络度分布揭示的污染发展模态

图6-5是小时平均的PM2.5污染指数序列筛选不同的度构建的复杂网络，节点之间连边线条粗细反映了两节点关联程度的强弱，如节点RRR与rRR、节点DDD与dDD之间的连线是最粗的两条，表示两组PM2.5污染波动模态之间的关联程度最强，这两组变化模态在长期的PM2.5污染变化中具有良好的联系。表6-1为PM2.5污染波动网络的各种波动模态节点度大小的排序。表6-1中从度为12的

节点开始将重复项用省略号代替，如度为 12 的共 8 个节点，即从第 24 到第 31 个节点，然后从第 32 个节点开始度等于 10，这里没有出现度为 11 的节点，依次类推，最后从第 98 个节点到第 125 个节点的度均为 0。我们发现某些节点度数比较大，如节点 DDD、RRR、eee、rRR，说明在 PM2.5 污染波动网络中，这些节点所代表的网络波动模态在污染变化过程中起到重要的直接关联作用，各种波动模态向这几个重要模态转换，或被这几个重要模态转换的频率较高，因此郑州市容易发生极端污染事件。另外，我们还对 PM2.5 污染波动网络的节点度进行了字频统计，发现在度数较大的前 5 个节点中，PM2.5 污染波动网络中代表急剧上升的网络字符 R 出现的频率为 5 次，代表缓慢上升的网络字符 r 出现的频率为 4 次，代表相对平稳的网络字符 e 出现的频率为 3 次，代表急剧下降的网络字符 D 出现的频率为 3 次，网络字符 R 出现的次数最多，从这一侧面可以反映出急剧上升的 PM2.5 污染波动在污染变换中出现的次数越来越多。将 125 个节点中的字符进行一个总的统计，出现的频数分别为：R 出现 317 次、r 出现 317 次、e 出现 297 次、d 出现 277 次、D 出现 278 次。这说明 PM2.5 污染整体是上升的占多数，总体呈现上升的趋势，而且污染的发生表现出明显的周期特征。

表 6-1　污染波动复杂网络中各波动模态节点度的大小排序

节点	RRR	DDD	eee	rRR	rrr	dDD	DDd	dde	dee	ddd	RRr	ede
度	68	66	40	40	38	28	26	26	26	24	22	18
等级	1	2	3	4	5	6	7	8	9	10	11	12
节点	err	Ddd	rdd	ree	eer	rRr	RRe	rre	rRe	der	Rrr	eDD
度	18	16	16	16	16	15	14	14	14	14	12	12
等级	13	14	15	16	17	18	19	20	21	22	23	24
节点	…	ddD	…	RDD	…	ere	DeD	…	DdD	…	RdD	deD
度	…	10	…	8	…	7	6	…	4	…	2	0
等级	…	32	…	38	…	44	45	…	56	…	74	98

图6-6给出污染波动网络节点的度分布及累积度分布。我们可以明显看到PM2.5污染波动网络节点度分布整体上均具有显著幂律特征，说明PM2.5污染波动网络具有无标度特性，是无标度网络。

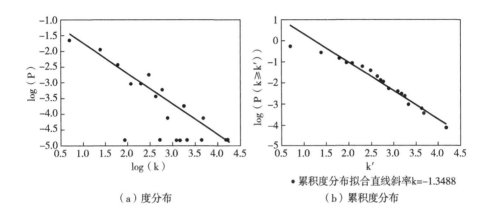

（a）度分布　　　　　　　　　　　　（b）累积度分布

图6-6　PM2.5污染波动网络节点的度分布和累积度分布

Carlson和Doyle（2002）认为，网络节点度分布呈现幂律分布是由于大气污染系统可以承受由重点污染源直接造成严重污染事件的巨幅变化，但却可能无法容忍一些不确定因素的小污染事件干扰，如家庭厨房排放的废气，餐饮业、小型工厂、车辆等排放的较少的大气污染物等。当大气污染系统处于紧急状态时，那么此时系统将满足幂律分布。在半对数坐标系下，PM2.5污染波动网络的累积度分布严格服从衰减的指数分布（Laherrère and Sornette，1998；Frisch and Sornette，1997；Shang et al.，2009），这也说明PM2.5污染波动模态的发生带有的随机性较弱，何时发生何种波动模态的不确定性较强，混沌性较弱，即各种波动模态出现的次数在一个较长的时间段内是遵循一定规律的。这种指数分布类似于气候系统的温度变化网络（Kijko and Sellevoll，1981），很大程度上表征了大气系统的内在非线性动力学本质特征。这说明PM2.5污染波动网络具有小世界效应，是小世界网络。

综上所述，PM2.5污染波动网络兼具无标度特性和小世界效应，因此该网络既是无标度网络，同时又是小世界网络，体现了大气污染过程是确定性与随机性和谐统一的，具有混沌特征。其实，在现实世界中，许多网络兼有无标度特性和小世界效应（Newman，2003；Albert and Barabási，2002；Wang et al.，2005）。例如，气压网络既是小世界网络，又是无标度网络，并具有互相关性（Tsien et al.，2012）。

三、大气污染复杂网络的聚类特性

图6-7给出了PM2.5污染波动网络的聚类系数随节点度的分布图，其中C（k）是度为k的所有节点聚类系数的平均值。PM2.5污染波动网络中C（k）的大小随节点度k的变化幅度较大，在一定程度上具有类似于"物以类聚，人以群分"的社会网络特性（汪小帆等，2006），但PM2.5污染波动网络比较明显的群聚特性既可能会发生在小的污染指数集团中，也可能会发生在大的污染指数集团中。在随时间变化的实际PM2.5污染浓度中，PM2.5污染指数演变的群发性有时会反映在小的时间尺度上，也有时会反映在大的时间尺度上。通过对PM2.5污染波动网络聚类系数的研究，可以为PM2.5污染变化的群发性研究做一些铺垫。

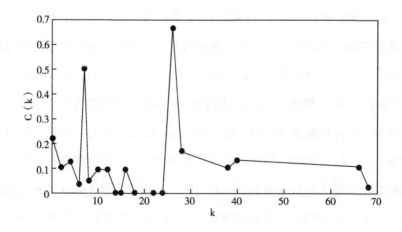

图6-7 PM2.5污染波动网络节点的聚类系数

四、大气污染复杂网络的关键节点与生态调控

PM2.5 污染波动网络包含了许多污染指数波动模式，反映了各种模式的特定关系，每一种波动模式都受到网络的拓扑结构的影响。通过该网络的拓扑属性可了解 PM2.5 污染指数获得控制其演变信息的能力。节点的介数中心性（BC）恰好可提供 PM2.5 污染指数网络拓扑重要性的信息（Freeman，1979；Freeman and Borgatti，1991），可以衡量污染指数节点所代表的污染指数波动模式在该网络中能力的大小或位置，即可考察波动网络中各个节点在污染指数网络拓扑结构中所处位置的枢纽程度（Freeman and Borgatti，1991；Goh et al.，2002）。

根据式（6-10）和式（6-11）计算 PM2.5 污染波动网络中节点的介数中心性参数（BC）值，并进行排序，表6-2列出了按降序排列排在前18个节点的介数中心性参数值。图6-8画出了所有 PM2.5 污染波动网络节点的介数中心性分布。从节点的 BC 值可知，在 PM2.5 污染指数波动网络中，各节点的 BC 值具有显著的差异性。由表6-2和图6-8可知，节点 RRR 的介数中心性的能力达到最高，为8.741%；节点 DDD 的介数中心性的能力次之，为6.503%；节点 dde、rRR、DDd 的介数中心性的能力都超过了3%；节点 rrr、dee、rdd、ddd、ede、err 的介数中心性的能力都超过了2%。可以看出 RRR 节点对污染网络的介数中心性的贡献达到了8.741%，表明这种快速上升的污染波动模式对污染系统来说是最主要的，具有重要意义。另外，节点 RRR 和 DDD 这2个节点对网络的介数中心性的贡献总体达到了15.244%，即1.6%（2/125）的节点承担了网络15.244%的介数中心性功能；节点 RRR、DDD、dde、rRR、DDd 这5个节点对 PM2.5 污染指数波动网络的介数中心性的贡献累积达到了24.95%，也就是说，网络24.95%的介数中心性功能仅由4%（5/125）的节点承担。因此，从网络的介数中心性角度来看，在污染波动网络中有些节点所代表的污染波动模式在 PM2.5 污染系统具有重要的位置。换句话说，这几种污染波动模式在其他模式之

间的转换途径过程中被中转的概率较高。这5种污染波动模式对控制PM2.5其他模式的转换及信息传输过程都具有重要的"战略"地位，一定程度上可以作为各种污染波动模式之间转换的前兆。因此，对诸如类似的波动模式的介数中心性功能的分析，将有助于更好地把握PM2.5污染指数变化的规律性。

表6-2　污染波动复杂网络中节点的介数中心性参数（BC）值

节点	RRR	DDD	dde	rRR	DDd	rrr	dee	rdd	ddd
BC（%）	8.741	6.503	3.370	3.209	3.127	2.511	2.440	2.259	2.210
等级	1	2	3	4	5	6	7	8	9
节点	ede	err	DRR	ree	RRr	Ddd	der	dDD	dDd
BC（%）	2.110	2.046	1.962	1.945	1.918	1.757	1.705	1.642	1.613
等级	10	11	12	13	14	15	16	17	18

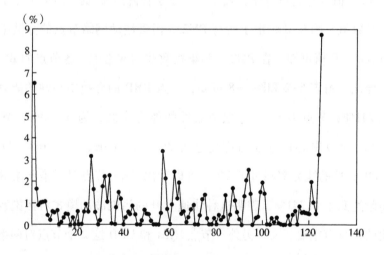

图6-8　PM2.5污染波动网络节点的介数中心性

　　PM2.5污染指数波动网络表现出一定的复杂性，体现了污染波动网络本身的复杂的非线性机制。同时，污染波动网络中节点介数中心性的显著涨落反映出某些节点的特性较为强烈，即在污染波动网络中，高频出现的节点和低频出现的节点之间的介数差异性很显著，这可能对大气尺度过程的污染预测有意义。

第四节　大气污染复杂网络空间特征分析

污染指数波动网络的节点度表示某一节点在该网络中的数目，由于各污染自动监测站网络中节点的数目是相等的，各个监测站的网络平均节点度没有表现出一定的差异性。网络的平均节点度没有差异性，那么网络中 125 个单个节点度数大小是否存在着差异性？我们先来计算九个站点中各节点 i 的度数平均值 $\overline{d(i)}$：

$$\overline{d(i)} = \frac{1}{N} \sum_{n=1}^{9} d_n(i) \quad i = 1, 2, \cdots, 9 \tag{6-15}$$

其中，$d_n(i)$ 是节点 i 在监测站 n 中的度数大小，由式（6-15）便可得出单个节点在九个监测站的度数平均值，下面把单个节点的度数平均值进行排序，如表 6-3 所示。

表 6-3　节点 i 在九个监测站的度数平均值大小的排序

节点	DDD	eee	RRR	rrr	rRR	DDd	ddd	err	dde	RRr	dee
度	45.11	40.78	40.56	28.89	24.11	23.56	19.56	18.11	18.00	18.00	15.56
等级	1	2	3	4	5	6	7	8	9	10	11

节点	eer	RDD	rer	dDD	RRD	rrR	RRd	ree	ere	...	rDR
度	15.56	15.33	15.33	15.11	14.89	14.22	13.67	13.11	13.00	...	1.11
等级	12	13	14	15	16	17	18	19	20	...	125

表 6-3 中显示单个节点度数在九个监测站中呈现出明显的差异性，按大小顺序排在前四个的节点分别为 DDD、eee、RRR、rrr，其相应度数平均值分别为 45.11、40.78、40.56、28.89，前四个节点代表上升的字符 R 和 r 总数居多，这表明在污染变化中，代表上升的污染变化概率比较大。DDD、eee、RRR 平均值

都在 40 以上，而且这三种节点都是单个字符组合。污染复杂网络中九个站点的平均度数表明 PM2.5 污染波动网络中主要以 DDD、eee、RRR 模式为主导，代表急剧下降、相对平稳和急剧上升的污染变化之间的转换概率较大，对于我们预测污染变化趋势具有一定的意义。

DDD、eee、RRR、rrr 这四种类型的波动模态在郑州市的污染变化中起到了重要的作用，我们分别对这四种类型的节点在不同监测站中的度数进行空间插值分析，分别反映出这四类污染波动模态在具体区域内起到的重要作用，如图 6-9 所示。

由图 6-9（a）可知北部地区代表快速下降的 DDD 模式占的比重整体比南部大。在银行学校、供水公司和四十七中等区域，DDD 的节点度数更大一些，说明这些区域相对于其他区域代表快速下降的 DDD 模式占的比重更大一些。经开区管委会和烟厂区域的 DDD 模式占的比重相对较小。由图 6-9（b）可知整个北部、东部地区代表相对平稳的 eee 模式占的比重比中西部地区大。在郑州市北部岗李水库区域，eee 模式占的比重最大，即 PM2.5 污染变化相对平稳的模式较其他地方更大一些，而在供水公司区域，eee 模式占比是最小的，即平稳的污染变化模式最少。由图 6-9（c）可知，以银行学校和市监测站为中心的郑州中部地区代表快速上升的 RRR 模式占的比重比西北和东南部地区更大。在银行学校区域，RRR 模式的节点度数最大，说明该区域相对于其他区域代表快速上升的 RRR 模式占的比重最大；在岗李水库区域，代表快速上升的 RRR 模式占的比重最小。由图 6-9（d）可知，以供水公司和四十七中为中心的郑州偏东、偏西部地区代表缓慢上升的 rrr 模式占的比重比中部及南北部地区都大，这可能与东、西部地区是工业集中区有关。在四十七中和供水公司附近，rrr 的节点度数比较大，说明这些区域相对于其他区域代表缓慢上升的 rrr 模式占的比重较大，在岗李水库、烟厂、银行学校和市监测站等地区代表缓慢上升的 rrr 模式占的比重都比较小。

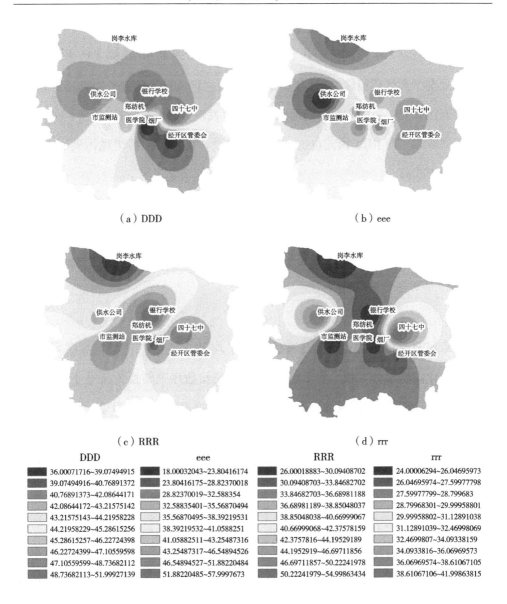

（a）DDD

（b）eee

（c）RRR

（d）rrr

DDD	eee	RRR	rrr
36.00071716~39.07494915	18.00032043~23.80416174	26.00018883~30.09408702	24.00006294~26.04695973
39.07494916~40.76891372	23.80416175~28.82370018	30.09408703~33.84682702	26.04695974~27.59977798
40.76891373~42.08644171	28.82370019~32.588354	33.84682703~36.68981188	27.59977799~28.799683
42.08644172~43.21575142	32.588354001~35.56870494	36.68981189~38.85048037	28.799683001~29.99958801
43.21575143~44.21958228	35.56870495~38.39219531	38.85048038~40.66999067	29.99958802~31.12891038
44.21958229~45.28615256	38.39219532~41.0588251	40.66999068~42.37578159	31.12891039~32.46998069
45.28615257~46.22724398	41.058882511~43.25487316	42.3757816~44.19529189	32.4699807~34.09338159
46.22724399~47.10559598	43.25487317~46.54894526	44.1952919~46.69711856	34.0933816~36.06969573
47.10559599~48.73682112	46.54894527~51.88220484	46.69711857~50.22241978	36.06969574~38.61067105
48.73682113~51.99927139	51.88220485~57.9997673	50.22241979~54.99863434	38.61067106~41.99863815

图6-9 PM2.5污染波动网络节点度的空间分布

总体来看，结合图6-9（a）、图6-9（c）和图6-9（d）可知，以银行学校、供水公司和四十七中等为中心的中部和东西部地区，污染快速上升和快速下降的模式占比都比较大，说明发生污染的周期更明显。在以岗李水库为中心的偏北部地区，即黄河风景名胜区地带，相对平稳的 eee 模式占比最大，代表污染上升的 RRR 模式和 rrr 模式占的比重都很低，代表下降的 DDD 模式也占比不高，说明此处整个大气环境较稳定，也从侧面说明一旦风景区污染产生就不好消散。在以经开区管委会为中心的西南地区，对比可发现 DDD 模式占比最低，eee 模式占比相对较大，而 RRR 模式也占有一定的比重，说明此地区出现污染不会快速消散的概率较高。

第五节　基于大气污染复杂网络的生态规划优化

本章将复杂网络理论应用于郑州市的平均 PM2.5 空气污染指数序列研究，通过粗粒化同质划分方法，将 PM2.5 空气污染指数序列转换为符号序列，构建了 PM2.5 污染指数波动网络。通过分析该网络的拓扑结构特征量（如度分布、聚类系数和介数中心性），定量描述了 PM2.5 污染系统的空间结构复杂性，并揭示了污染波动网络的内在规律性。本章研究结果表明，PM2.5 污染波动网络具有显著的无标度特性和小世界效应，同时表现出自组织临界性特征，为生态规划优化提供了重要的科学依据。

第一，本章研究了 PM2.5 污染波动网络的拓扑特征，研究表明 PM2.5 污染波动网络的度分布及累积度分布均服从幂律分布，在半对数坐标系下，网络严格服从衰减的指数分布。这一特征表明，PM2.5 污染波动网络兼具无标度特性和小世界效应，即网络中少数节点（如 RRR、DDD 等）具有较高的连接度，而大多数节点的连接度较低。这种结构特性反映了 PM2.5 污染系统的复杂性和非线性动力学行为。此外，网络的各种波动模态在大时间尺度上出现的频率较高，可能是大气污染系统自组织临界性的体现。这一发现为理解污染物的时空演化规律提供了新的视角。

第二，考察关键节点及其在污染系统中的"战略"地位，在 PM2.5 污染波动网络中，各节点的度值存在显著差异。其中，RRR、DDD、eee、rRR、rrr 等节点所代表的波动模态在 PM2.5 污染变化过程中起到了重要的"战略"作用。这些节点直接关联着污染波动模式的关键转换过程，是网络中的重要枢纽。例如，RRR 节点代表的快速上升污染波动模式对污染系统的贡献最大，其介数中心性达到 8.741%，表明该模式在污染物浓度变化中具有主导作用。类似地，DDD 节点的介数中心性为 6.503%，dde、rRR、DDd 节点的介数中心性均超过 3%。这些关键节点在网络中承担了较高的介数中心性功能，表明它们在污染物波动模式转换和信息传输过程中具有重要的中转作用。进一步分析发现，RRR 和 DDD 两个节点对网络介数中心性的总贡献达到 15.244%，而 RRR、DDD、dde、rRR、DDd 五个节点的总贡献达到 24.95%。这意味着，网络中仅 4% 的节点承担了近 25% 的介数中心性功能。这种"少数节点主导全局"的特性表明，PM2.5 污染波动网络具有显著的无标度特性，关键节点在网络中扮演着至关重要的角色。因此，识别并控制这些关键节点的波动模式，对于把握 PM2.5 污染指数变化的规律性具有重要意义。

第三，解析网络的群聚特性与污染浓度变化的群发性，通过计算 PM2.5 污染波动网络的平均聚类系数 C（k），发现 C（k）随节点度的变化幅度较大，呈现出类似于"物以类聚，人以群分"的社会关系网络特性。这表明 PM2.5 污染波动网络具有明显的群聚特性，即某些节点倾向于形成紧密连接的子群。在实际 PM2.5 污染浓度变化中，这种群聚特性既可能反映在小时间尺度上（如小时级别的浓度波动），也可能反映在大时间尺度上（如季节性的污染事件）。这一发现为理解污染物浓度变化的时空分布规律提供了新的视角，同时也为生态规划中的污染防控提供了科学依据。

第四，进一步探索关键波动模式对污染系统的控制作用，在 PM2.5 污染波动网络中，RRR、DDD、dde、rRR、DDd 五种波动模式对控制其他模式的转换及信息传输过程具有重要的"战略"地位。这些模式在其他模式之间的转换过程中被中转的概率较高，因此可以作为污染波动模式转换的前兆。例如，RRR 模式代表的快速上升污染波动可能是 PM2.5 浓度快速升高的前兆，而 DDD 模式代表的快速下降波动可能是污染消散的信号。通过监测和分析这些关键波动模式的变化规律，可以更准确地预测 PM2.5 污染指数的变化趋势，从而为生态规划中的污染预警和调控提供科学支持。

第五，阐明污染网络的度分布特征及其生态规划意义和应用前景，对每个监测站构建独立的 PM2.5 污染波动网络，并计算其度和分析度分布特征，发现单个节点度的数值大小存在显著差异。其中，DDD、eee、RRR、rrr 四类节点对应的污染变化类型出现的频率较高。这表明，不同监测站的污染波动模式存在空间异质性，某些站点（如交通枢纽或工业区）可能更容易出现高频率的污染波动。这一发现为生态规划中的空间优化提供了重要依据。例如，可以通过优化城市功能布局（如调整工业区位置或增加绿化带）来减少关键站点的污染波动频率，从而降低 PM2.5 浓度的空间异质性。

基于 PM2.5 污染波动网络的拓扑特征和关键节点分析，可以为生态规划优化提供以下策略：

（1）关键节点监测与调控。针对 RRR、DDD 等关键节点代表的污染波动模式，建立实时监测与预警系统，及时采取调控措施（如交通限行或工业减排），防止污染物浓度急剧上升。

（2）空间布局优化。根据监测站网络的度分布特征，优化城市功能布局，减少高污染波动频率站点的数量，降低 PM2.5 浓度的空间异质性。

（3）污染源精准管控。通过分析关键波动模式的前兆特征，识别主要污染源（如机动车尾气或工业排放），并制定针对性的管控措施。

（4）生态廊道设计。利用网络的群聚特性，设计城市通风廊道和绿化带，增强污染物的扩散能力，降低局部污染浓度。

综上可知，本章通过构建 PM2.5 污染波动网络，揭示了郑州市大气污染系统的复杂性和非线性动力学特征。本章研究发现，PM2.5 污染波动网络具有无标度特性和小世界效应，关键节点在网络中扮演着重要的"战略"角色。通过识别和分析这些关键节点的波动模式，可以为生态规划中的污染预警、空间优化和精准管控提供科学依据，未来研究可进一步探索多污染物耦合网络的构建及其在生态规划中的应用。

第七章　生态城市建设视角下的大气污染治理总结与展望

第一节　生态城市大气污染复杂系统研究总结

　　人类赖以生存的大气环境是人类社会的物质基础，而人类活动对大气环境的改变也将会深刻影响城市生态系统的可持续发展。城市大气环境污染不仅直接影响城市的适宜居住程度和城市文明程度，还对生态城市的建设目标（如资源节约、环境友好、低碳发展）构成重大挑战。因此，通过科学的技术方法研究城市大气污染，揭示其复杂系统的内在规律，寻找防范和治理大气污染的途径，是实现生态城市建设目标的关键任务之一。

　　当前，大气主要污染物为 CO、NO_2、O_3、SO_2、PM10、PM2.5，它们直接或间接地影响空气质量，深入剖析其内在的动力学原理，寻找内部规律，从而找到适当的治理方法是十分必要的。在整个城市污染动力系统中，这六种主要污染物不是相互独立的，而是相互耦合的。这些污染物在各种时空尺度内产生复杂的非线性相互作用，从而使得城市大气污染物浓度的时间演化过程表现出复杂的非线性特征。此外，城市功能区分布、下垫面特征、气象条件（如降水、风速、温度、湿度）及人类活动（如工业排放、交通污染）等因素也会对污染系统产生显著影响。因此，大气污染动力系统是一个内部复杂、耦合相关，并容易受外部因素影响的开放系统。

本书以郑州市 2016 年 12 月 17 日至 2016 年 12 月 26 日、2016 年 12 月 1 日至 2017 年 1 月 31 日两个时间段的 CO、NO_2、O_3、SO_2、PM10、PM2.5 污染指数作为研究对象，应用多重分形消除趋势波动分析（MF-DFA）、多重分形消除趋势互相关分析（MF-DCCA）、耦合消除趋势波动分析（CDFA）及复杂网络分析等方法，对城市空气污染物的长期持续性、相关性、耦合相关性及复杂性进行了系统研究。在此基础上，分析了空气污染动力系统的时间演化动力学特征，研究了重度灰霾期间各污染物对灰霾系统的影响和贡献。本书研究得到的主要结论如下：

（1）污染物浓度序列的长期持续性及多重分形特征。应用 MF-DFA 方法对各种污染物指数序列进行分析，结果表明灰霾期间各污染物浓度序列具有长期持续性和多重分形特征，其多重分形既受长期持续性的影响又受尖峰胖尾的影响，但主要受长期持续性影响，尖峰胖尾的影响并不大。在此次灰霾期间，PM2.5 和 PM10 表现出很强的长期持续性，CO 和 NO_2 的持续性也比较强，SO_2 和 O_3 相对较弱，但也都大于 0.5，具有长期持续性。O_3 相比之下长期持续性最弱，其较为活泼，形成后易于与其他污染物发生反应，因为 O_3 是一种强氧化剂，它在许多大气污染物的化学转化过程中起着重要作用。这一发现为生态城市的大气污染治理提供了重要依据，提示在规划中需重点关注 PM2.5 和 PM10 的长期累积效应，同时优化 O_3 的生成与转化路径。

（2）污染物与气象要素的多重分形相关性。通过 MF-DCCA 分析表明，PM2.5 和 O_3 分别与 CO、NO_2、PM10 和 SO_2 四种污染物之间存在幂律形式的正互相关性且相关性非常强。研究结果表明 PM2.5—CO、PM2.5—NO_2、PM2.5—O_3 和 PM2.5—SO_2 这些污染物之间存在较强的分形特征，重灰霾期间 CO、NO_2、

O_3、PM2.5 和 SO_2 与风速、湿度和气温之间的相关性也存在较为明显的多重分形特征，并且所有污染物和气象要素之间都是正相关的。这也进一步说明灰霾期间这些污染物之间是一个相互影响的复杂系统。

此次灰霾期间，各污染物与风速、气温和湿度均呈正相关关系。平均风速小、小风日数多，易造成污染物在近地面层积聚，因此整体风速较小反而会有利于各污染物的堆积和升高，不易扩散，会加重污染。对于一个城市或地区的空气污染来讲，风向、风速并不是经常起决定性作用的因素，尤其是在城市空气强污染期间很有可能不起作用，或起的作用不大。气温升高、平均风速降低等种种因素都不利于污染物的扩散。我国秋冬季大气污染物的扩散与西伯利亚高压和大范围强冷空气南下有明显联系。此次灰霾期间，在污染物浓度达到最高时气温也达到最高，冷空气的推迟到来，气温的升高，有利于污染物浓度的聚集升高。相对湿度大，易造成污染物吸湿增长，加速污染物的化学转化，并且湿度大也使得空气中污染物不容易扩散。因此，各污染物与湿度呈正相关关系。对于气象要素来说，气温对此次灰霾污染物的影响更大一些。该研究为生态城市的气象调控提供了科学依据，需重点关注气温和湿度的季节性变化对污染物累积的影响。

（3）多污染物耦合演化及空间贡献分析。通过 CDFA 方法分析表明，由于一次污染物（如 CO、NO_2、SO_2 等）一方面会在大气中不断积累、扩散和转移，另一方面作为气态前体物，它们可以发生化学反应生成二次污染物。在太阳光的作用下，NO_2 很容易发生光化学反应从而生成氧化性很强的污染物 O_3，O_3 进一步又会促进其他污染物的形成。大气中的污染物 NO_2 和 SO_2 也很可能经过一系列的反应最终形成颗粒物 PM2.5，甚至是 PM10。PM2.5 的比表面积比较大，因此对大气污染物发生化学反应起到很好的促进作用。在此条件下，更多气态物质将会进一步发生化学反应，从而生成更多的 PM2.5，这样反复循环反应，会导致细颗粒物 PM2.5 在空气中大量累积，最终使得空气质量进一步恶化。

空气污染越严重的时段，二次污染物所占的比例越高，显示了通过大气化学过程二次生成的污染物对空气质量恶化起到了十分重要的作用。本书研究发现灰霾污染具有明显的空间特征，城市规划中污染源的分布对灰霾有很大的影响，并且污染物具有局部和长距离输送能力，也会导致局部污染扩散到更大范围的污染。灰霾期间各污染物之间的耦合是很复杂的，正是因为这种复杂性，使得各污染物的演化往往很稳健，不易被破坏。这样可能使得各种灰霾期间的大气污染红色预警方案并不能奏效。这也印证了现有的现状，即灰霾的消散主要靠大风或降雨等气象因素，而发生灰霾之后再开展人为干预似乎没有任何效果。传统上，人们认为大气重度灰霾期间，采用各种红色预警方案，关停各种污染源，是有助于灰霾消散的。但是灰霾期间污染物演化具有高度复杂性，即使小的污染源排放带来的扰动，也会导致重度灰霾持续下去，这就是复杂系统特有的稳健性。该结论为生态城市的污染治理提供了重要启示，需从源头控制污染物的生成，而非依赖末端治理。

（4）PM2.5污染波动网络的拓扑特性。本书利用复杂网络分析了郑州市两个月PM2.5的拓扑特性，结果表明，PM2.5污染波动网络的度分布及累积度分布都服从幂律分布，在半对数坐标系下，PM2.5污染波动网络严格服从衰减的指数分布。PM2.5污染指数波动网络兼具无标度特性和小世界效应，因此该网络既是无标度网络又是小世界网络。同时，网络的各种波动模态出现在大时间尺度上的次数可能是大气污染系统的自组织临界性体现。

通过计算PM2.5污染波动网络的平均聚类系数C（k），发现C（k）的大小随节点度的变化幅度较大，类似于"物以类聚，人以群分"的社会关系网络特性，即PM2.5污染波动网络具有比较明显的群聚特性。在随时间变化的实际PM2.5污染浓度中，PM2.5污染浓度变化的群发性既可能反映在小的时间尺度上，也可能反映在大的时间尺度上。

在PM2.5污染波动网络中，各节点的介数中心性（BC）具有显著差异性，其中节点RRR的介数中心性的能力达到最高，为8.741%；节点DDD的介数中心性的能力次之，为6.503%；节点dde、rRR、DDd的介数中心性的能力都超过了 3%；节点 rrr、dee、rdd、ddd、ede、err 的介数中心性的能力都超过了 2%。可以看出 RRR 节点对污染网络的介数中心性的贡献达到了 8.741%，表明这种快速上升的污染波动模式对污染系统来说是最主要的。因此，从网络的介数中心性角度来看，在污染波动网络中有些节点所代表的污染波动模式在 PM2.5 污染系统中具有重要的位置。换句话说，这几个污染波动模式在其他模式之间的转换途径过程中被中转的概率较高。RRR、DDD、dde、rRR、DDd 这五种污染波动模式对控制 PM2.5 其他模式的转换及信息传输过程都具有重要的"战略"地位，一定程度上可以作为各种污染波动模式之间转换的前兆。因此，对诸如类似的波动模式的介数中心性功能的分析，将有助于更好地把握 PM2.5 污染指数变化的规律性。

对每个监测站构建独立的 PM2.5 污染波动网络，计算各个网络的度和分析度分布特征，发现单个节点度的数值大小存在明显的差异性，其中 DDD、eee、RRR、rrr 四类节点对应污染变化类型出现的频率较高。这一发现为生态城市的灰霾污染预警和防治进一步提供了政策制定依据，需重点关注污染波动模式的变化规律，以实现对 PM2.5 污染的精准管控。

综上所述，本书通过非线性科学方法，揭示了郑州市大气污染复杂系统的内在规律，为生态城市的污染治理提供了科学依据。未来的研究应进一步探索大气新污染物与生态城市建设的协同机制，为实现"美丽中国"和"绿色发展"目标提供理论支撑。

第二节　智慧生态城市的数据驱动治理展望

一、研究创新点及未来研究方向

本书的主要创新点如下：将 CDFA 方法引入大气污染研究中，本书研究了郑州市重度灰霾污染天气的多种污染物耦合强度及它们对灰霾动力系统的贡献大小，是创新性的应用研究；将空间分析与 CDFA 方法相结合，对 CDFA 相关参数值进行克里金空间插值，研究各污染物耦合贡献的空间分布特征，挖掘更有意义的空间知识信息，结合 CDFA 方法从空间角度考察分析大气污染耦合演化机制，为灰霾的治理及相关研究提供了一种新的思路；将基于粗粒化的复杂网络引入大气污染研究领域，构建的 PM2.5 复杂网络是具备标准的无标度特性和小世界特性的网络，具有重要的理论与实践研究价值；在复杂网络研究中提出一种改进的粗粒化方法，即可适应概率空间粗粒化方法，该方法可以真实地贴近污染时间序列的波动特征，使得构建的复杂网络能准确地反映污染系统内在的本质规律；本书系统地将空间 CDFA 分析和复杂网络理论引入大气污染研究领域，在方法上具有一定的创新意义。

本书从理论与方法上对灰霾时间演化的特征进行了分析研究，得出某些重要结论，取得了创新性成果，但这仅是一个良好的起步，也可以说为灰霾治理提供了更多的思考。

首先，CDFA 是一个分析多个因素的新方法，对由相关性及尖峰胖尾分布引起的耦合关系的研究并不深入。本书主要分析了由序列相关性和尖峰胖尾分布引起的耦合强度和对系统的贡献大小，结合城市污染源分布和气象因素研究了空间分布的特征，得出污染物在不同的波动尺度上的贡献是不相同的结论。因序列相关性和尖峰胖尾分布引起的多种污染物之间的耦合关系是否具有可比性？如何理解 CDFA 中的耦合相关性？为什么在污染物浓度变化的小波动和大波动部分各污染物对灰霾系统会有明显不同的影响？CDFA 方法的广义 Hurst 指数在不同的应用中取值范围如何精确选定？有何意义？这些问题，需要深入理解整个污染系统的内部物理机制，并推动 CDFA 方法的进一步完善。

其次，依据粗粒化同质划分方法，按照改进的符号划分方法将 PM2.5 空气污染指数序列转换成符号序列，本书构建了 PM2.5 污染指数波动网络。通过符号化波动网络的拓扑结构特征量对 PM2.5 污染系统的空间结构复杂性进行定量描述，并进一步对该网络的度分布、聚类系数和介数中心性等特征量进行具体分析，获取得到关于污染波动网络的内在规律性的认识。但空气污染的本质动力学机制是什么？是什么造成了不同模态之间的转换？本书建立的复杂网络模型是否具有通用性？能否将本书建立的复杂网络模型进一步改进，使之具有考察多种污染物之间的转换关系？这些都需要我们进一步深入研究。

最后，如何利用本书研究成果为郑州市灰霾治理政策和策略服务，也是下一步要继续做好的工作。总之，本书针对当前污染严峻的现状，对灰霾系统的各种污染物内部机制进行了分析，得出了一些重要结论，具有十分重要的研究意义。本书利用一些新方法、新模型揭示了灰霾系统内部机制的复杂性和非线性特征，其研究结果能为大气灰霾污染的防治提供新的思路，同时也还有更多的研究和应用空间。

二、基于灰霾污染复杂系统研究的深化与拓展

随着城市化进程的加速，大气污染问题已成为制约生态城市建设的关键瓶颈。灰霾污染作为典型的区域性复合污染，其形成与演化涉及污染物耦合、气象条件、城市功能布局等多重复杂因素。传统治理模式往往依赖经验性政策（如限行、停工等），缺乏对污染系统内在机制的深度解析，导致治理效率低下。近年来，数据驱动治理作为智慧生态城市建设的核心路径，通过整合多源数据、构建预测模型和优化决策算法，为污染治理提供了新的突破口。本书基于郑州市灰霾污染研究，结合智慧生态城市的技术框架，提出数据驱动治理的深化方向与实施路径。

未来可以将 CDFA 方法进行优化，CDFA 方法是研究多种污染物耦合关系的有效工具，但其局限性在于耦合机制解析不足，CDFA 方法可以量化污染物间的耦合贡献，但无法区分耦合作用的物理来源（如化学反应、气象驱动或人为排

放）。进一步可以将 CDFA 方法与大气化学传输模型（如 CMAQ、WRF-Chem）结合，引入污染物生成速率、光解反应速率等参数，区分化学耦合与物理扩散的贡献。例如，通过量化 NO_2 与 O_3 的光化学耦合强度，可精准识别交通排放与工业源对二次污染的影响。另外，进行多源数据融合，利用物联网传感器实时采集污染数据，构建动态 CDFA 模型。例如，结合郑州市的空气质量监测网络，开发基于边缘计算的分布式 CDFA 算法，实现小时级耦合强度更新，支撑实时调控决策。

复杂网络模型需进一步扩展与多污染物协同分析。现有 PM2.5 污染波动网络虽能揭示其时空演化规律，但未考虑 PM2.5 与其他污染物（如 O_3、NO_2）的协同作用，难以刻画污染事件的突发性与传播路径变化。未来可以考虑构建多种污染物耦合网络，将 PM2.5、O_3、NO_2 等污染物浓度序列联合符号化，构建多维波动网络。例如，定义节点为多污染物联合波动模式（如"PM2.5↑—O_3↓—NO_2↑"），边权重为模式转换频率，从而揭示多污染物的协同演化规律。另外，可以进一步将动态网络与机器学习结合，利用时间序列分割技术（如滑动窗口），构建动态演化网络，并通过图神经网络（GNN）预测污染传播路径。例如，基于郑州市历史数据训练 GNN 模型，预测未来 24 小时关键污染节点的空间分布，为应急管控提供依据。

当前治理政策多为"事后响应"，缺乏对污染事件的提前预警与动态调控能力，亟须优化数据驱动的政策响应机制，进一步开发多尺度预警系统。未来可结合 CDFA 与复杂网络的预测结果，构建"时—日—周"多尺度预警框架。例如，通过 CDFA 识别污染物耦合强度阈值，当实时数据超过阈值时触发分级预警（如黄色、橙色、红色）。进一步集成污染预测模型、交通流量数据、工业排放清单，开发动态优化算法，构建智能决策支持系统。例如，在红色预警期间，智能决策支持系统可自动生成"重点区域工业限产—交通疏导—公众健康防护"一体化方案，并通过城市信息模型（CIM）平台进行可视化展示。

三、智慧郑州生态城市灰霾治理的政策应用与案例研究

智慧生态城市的数据驱动治理技术框架是实现城市可持续发展的重要路径。智慧生态城市的建设需要整合多源数据，构建统一的数据平台。环境数据层包括空气质量监测站、卫星遥感和无人机巡检数据，能够提供全面的污染监测信息；城市运行数据层涵盖交通流量、能源消耗和工业排放实时数据，为污染源解析提供支持；气象与地理数据层则包括高分辨率气象预报、地形地貌和城市功能区划数据，为污染扩散模拟提供基础。实施路径上，郑州市可通过构建"空天地一体化"监测网络，部署低成本传感器（如微型 PM2.5 监测仪）覆盖交通枢纽、工业区及居民区，同时开发城市级数据中台，实现多源数据的标准化接入与融合分析。例如，通过时空插值算法将离散监测数据转化为高精度污染分布热力图，为精准治理提供数据支撑。

人工智能与模型融合是智慧生态城市治理的核心技术手段。深度学习技术（如长短期记忆网络 LSTM 和时空图卷积网络 ST-GCN）可融合历史污染数据与气象预报，实现污染事件的精准预测。数字孪生技术则能构建郑州市大气污染数字孪生系统，模拟不同治理策略（如新能源车推广、工业升级）的长期减排效果，为政策评估与优化提供科学依据。此外，区块链技术可实现政府、企业、公众的数据安全共享，如企业排放数据上链存证，公众通过 App 实时查询污染源信息，增强治理透明度。众包监测模式鼓励市民通过便携式传感器参与污染监测，形成"政府主导—社区协同—公众参与"的治理模式，提升治理的广泛性和有效性。

在政策应用层面，郑州市可通过数据驱动治理实现动态交通管理、工业排放精准管控和公众健康防护。基于实时 PM2.5 与 NO_2 耦合强度，动态调整机动车限行区域与时段，如当 CDFA 分析显示 NO_2 对 PM2.5 贡献率超过 40% 时，自动触发重点区域柴油车限行。结合交通流量与污染扩散模型，优化信号灯配时方

案，减少车辆拥堵导致的尾气累积。工业排放管控方面，通过复杂网络识别关键污染节点（如 RRR、DDD 模式），结合企业排放清单，定位重点管控企业，并在重点企业安装在线监测设备，数据实时接入城市中台，超标排放自动触发预警并生成整改指令。公众健康防护体系则可通过个性化健康预警和社区级微环境优化实现，如基于居民位置数据与污染预测结果，通过手机 App 推送个性化防护建议（如敏感人群避免户外活动），并在污染高发社区安装智能空气净化设备，通过绿化带设计（如吸附 PM2.5 的植物群落）改善局部空气质量。

未来研究方向与挑战主要集中在跨学科方法创新、技术伦理与隐私保护及全球经验借鉴与本地化适配方面。跨学科方法创新包括引入生态系统韧性理论，研究污染系统崩溃阈值与恢复机制，以及探索量子算法在污染模型求解中的应用，提升海量数据处理效率。技术伦理与隐私保护需明确公众健康数据与隐私权的平衡机制，避免数据滥用，同时确保智能决策模型的可解释性，防止算法偏见导致治理资源分配不公。全球经验借鉴方面，可学习伦敦"超低排放区"（ULEZ）经验，结合郑州市实际制定差异化策略，并推动中原城市群数据共享与联合防控，建立跨区域污染补偿机制。通过多源数据整合、人工智能赋能与公众协同参与，郑州市有望成为智慧生态城市治理的典范。

本书通过 CDFA 与复杂网络方法，揭示了郑州市灰霾污染系统的复杂性与非线性特征，为智慧生态城市的数据驱动治理提供了理论依据与技术路径。未来需进一步深化多污染物耦合机制研究、优化动态网络模型，并构建"监测—预测—决策—评估"全链条治理体系。通过多源数据整合、人工智能赋能与公众协同参与，郑州市有望成为全国智慧生态城市治理的典范，为我国城市绿色高质量发展贡献实践智慧。

参考文献

[1] Ahmadlou M, Adeli H, Adeli A. New diagnostic EEG markers of the Alzheimer's disease using visibility graph [J]. Journal of Neural Transmission, 2010, 117 (9): 1099–1109.

[2] Albert R, Barabási A. Statistical mechanics of complex networks [J]. Review of Modern Physics, 2002, 74 (1): 47–100.

[3] An H, Gao X, Fang W, et al. The role of fluctuating modes of autocorrelation in crude oil prices [J]. Physica A: Statistical Mechanics & Its Applications, 2014, 393 (1): 382–390.

[4] Anh V, Duc H, Azzi M. Modeling anthropogenic trends in air quality data [J]. Journal of the Air & Waste Management Association, 1997, 47 (1): 66–71.

[5] Anh V V, Lam K C, Leung Y, et al. Multifractal analysis of Hong Kong air quality data [J]. Environmetrics, 2000, 11 (2): 139–149.

[6] An H, Zhong W, Chen Y, et al. Features and evolution of international crude oil trade relationships: A trading–based network analysis [J]. Energy, 2014, 74 (5): 254–259.

[7] Ausloos M. Statistical physics in foreign exchange currency and stock markets [J]. Physical A: Statistical Mechanics and Its Applications, 2000, 285 (1–2):

48-65.

[8] Bacry E, Delour J, Muzy J F. Multifractal random walk [J]. Physical Review E, 2000, 64 (2): 1107-1112.

[9] Barabasi A L, Albert R. Emergence of scaling in random networks [J]. Science, 1999, 286 (5439): 509-512.

[10] Barabási A L, Oltvai Z N. Network biology: Understanding the cell's functional organization [J]. Nature Reviews Genetics, 2004, 5 (2): 101-113.

[11] Barnes J A, Allan D W. A statistical model of flicker noise [J]. IEEE, 1966, 54 (2): 176-178.

[12] Beaulac S, Mydlarski L. Inverse structure functions of temperature in grid-generated turbulence [J]. Physics of Fluids, 2004, 16 (6): 2126-2129.

[13] Beben M, Orłowski A. Correlations in financial time series: Established versus emerging markets [J]. The European Physical Journal B, 2001, 20 (4): 527-530.

[14] Bezsudnov I V, Snarskii A A. From the time series to the complex networks: The parametric natural visibility graph [J]. Physica A: Statistical Mechanics & Its Applications, 2014, 414 (414): 53-60.

[15] Billat V L, Mille-Hamard L, Meyer Y, et al. Detection of changes in the fractal scaling of heart rate and speed in a marathon race [J]. Physica A: Statistical Mechanics & Its Applications, 2009, 388 (18): 3798-3808.

[16] Buldyrev S V, Goldberger A L, Havlin S, et al. Long-range correlation properties of coding and noncoding DNA sequences: GenBank analysis [J]. Physical Review E, 1995, 51 (5): 5084-5091.

[17] Campillo M, Paul A. Long-range correlations in the diffuse seismic coda [J]. Science, 2003, 299 (5606): 547-549.

［18］ Carlson J M, Doyle J. Complexity and robustness ［J］. PNAS, 2002, 99 (1): 2538-2545.

［19］ Chen W D. Dynamic analysis on the topological properties of the complex network of international oil prices ［J］. Acta Physica Sinica, 2010, 59 (7): 4514-4523.

［20］ Cottet A, Belzig W, Bruder C. Positive cross correlations in a three-terminal quantum dot with ferromagnetic contacts ［J］. Physical Review Letters, 2004, 92 (20): 206801.

［21］ Crutzen P J. An overview of atmospheric chemistry ［C］// Topics in Atmospheric and Interstellar Physics and Chemistry, in ERCA vol. 1. Les Editions de Physique, Les Ulis, France, 1994: 63-89.

［22］ Day D E, Malm W C. Aerosol light scattering measurements as a function of relative humidity: A comparison between measurements made at three different sites ［J］. Atmospheric Environment, 2001, 35 (30): 5169-5176.

［23］ Domingo-Ferrer J, Úrsula González-Nicolá. Decapitation of networks with and without weights and direction: the economics of iterated attack and defense ［J］. Computer Networks, 2011, 55 (1): 119-130.

［24］ Donges J F, Donner R V, Kurths J. Testing time series irreversibility using complex network methods ［J］. Europhysics Letters, 2013, 102 (1): 381-392.

［25］ Dong Y, Huang W, Liu Z, et al. Network analysis of time series under the constraint of fixed nearest neighbors ［J］. Physica A: Statistical Mechanics & Its Applications, 2013, 392 (4): 967-973.

［26］ Donner, Reik V. Jonathan F. Visibility graph analysis of geophysical time series: Potentials and possible pitfalls ［J］. ACTA Geophysica, 2012, 60 (3): 589-623.

[27] Donner R V, Zou Y, Donges J F, et al. Recurrence networks: A novel paradigm for nonlinear time series analysis [J]. New Journal of Physics, 2010, 12 (3): 033025.

[28] Dorogovtsev S N, Mendes J F F. Exactly solvable small–world network [J]. Europhysics Letters, 2000, 50 (1): 1-7.

[29] Ebel H, Mielsch L I, Bornholdt S. Scale–free topology of e–mail networks [J]. Physical Review E, 2002, 66 (3): 1162-1167.

[30] Elsner J B, Jagger T H, Fogarty E A. Visibility network of United States hurricanes [J]. Geophysical Research Letters, 2009, 36 (16): 554-570.

[31] Erdös P, Rényi A. On the existence of a factor of degree one of a connected random graph [J]. Acta Mathematica Academiae Scientiarum Hungarica, 1966, 17 (3): 359-368.

[32] Faloutsos M, Faloutsos P, Faloutsos C. On power–law relationships of the Internet topology [J]. ACM SIGCOMM Computer Communication Review, 1997, 29 (4): 251-262.

[33] Feder J. Fractals [M]. New York: Plenum Press, 1988.

[34] Fishman J, Seiler W. Correlative nature of ozone and carbon monoxide in the troposphere: Implications for the tropospheric ozone budget [J]. Journal of Geophysical Research, 1983, 88 (C6): 36-62.

[35] Freeman L C, Borgatti S P, White D R. Centrality in valued graphs: A measure of betweenness based on network flow [J]. Social Networks, 1991, 13 (2): 141-154.

[36] Freeman L C. Centrality in social networks conceptual clarification [J]. Social Networks, 1979, 1 (3): 215-239.

[37] Frisch U, Sornette D. Extreme deviations and applications [J]. Journal de

Physique I, 1997, 7 (9): 1155-1171.

[38] Fuller K A, Malm W C, Kreidenweis S M. Effects of mixing on extinction by carbonaceous particles [J]. Journal of Geophysical Research Atmospheres, 1999, 104 (D13): 15941-15954.

[39] Gao Z, Jin N. Complex network from time series based on phase space reconstruction [J]. Chaos, 2009, 19 (3): 033137.

[40] Gardner M W, Dorling S R. Artificial neural networks (the multilayer perceptron) —A review of applications in the atmospheric sciences [J]. Atmospheric Environment, 1998, 32 (14): 2627-2636.

[41] Goh K I, Oh E, Kahng B, et al. Betweenness centrality correlation in social networks [J]. Physical Review E, 2002, 67 (2): 017101.

[42] Hachfeld B, Jürgens N, Deil U, et al. Climate patterns and their impact on the vegetation in a fog driven desert: The Central Namib Desert in Namibia [J]. Phytocoenologia, 2000, 30 (3): 567-589.

[43] Hajian S, Movahed M S. Multifractal detrended cross-correlation analysis of sunspot numbers and river flow fluctuations [J]. Physica A: Statistical Mechanics & Its Applications, 2009, 389 (21): 4942-4957.

[44] Hedayatifar L, Vahabi M, Jafari G R. Coupling detrended fluctuation analysis for analyzing coupled nonstationary signals [J]. Physical Review E, 2011, 84 (1): 021138.

[45] He L Y, Chen S P. Multifractal detrended cross-correlation analysis of agricultural futures markets [J]. Chaos, Solitons & Fractals, 2011a, 44 (6): 355-361.

[46] He L Y, Chen S P. Nonlinear bivariate dependency of price-volume relationships in agricultural commodity futures markets: A perspective from multifractal de-

trended cross-correlation analysis [J]. Physica A: Statistical Mechanics & Its Applications, 2011b, 390 (2): 297-308.

[47] Horvatic D, Stanley H E, Podobnik B. Detrended cross-correlation analysis for non-stationary time series with periodic trends [J]. Europhysics Letters, 2011, 94 (1): 18007-18012.

[48] Huang W Q, Zhuang X T, Yao S. A network analysis of the Chinese stock market [J]. Physica A: Statistical Mechanics & Its Applications, 2009, 388 (14): 2956-2964.

[49] Ivanova K, Ausloos M. Application of the detrended fluctuation analysis (DFA) method for describing cloud breaking [J]. Physica A: Statistical Mechanics & Its Applications, 1999, 274 (1-2): 349-354.

[50] Ivanova K, Ausloos M. Low q-moment multifractal analysis of Gold price, Dow Jones Industrial Average and BGL-USD exchange rate [J]. The European Physical Journal B, 1999, 8 (4): 665-669.

[51] Jafari G R, Pedram P, Hedayatifar L. Long-range correlation and multifractality in Bach's Inventions pitches [J]. Journal of Statistical Mechanics Theory & Experiment, 2007 (4): 1742-5468.

[52] Jalan S. Spectral analysis of deformed random networks [J]. Physical Review E, 2009, 80 (4): 046101.

[53] Jiang D, Zhang Y, Hu X, et al. Progress in developing an ANN model for air pollution index forecast [J]. Atmospheric Environment, 2004, 28 (40): 7055-7064.

[54] Jorge O P, Lovallo M, Telesca L. Visibility graph analysis of wind speed records measured in central Argentina [J]. Physica A: Statistical Mechanics & Its Applications, 2012 (391): 5041-5048.

［55］Kantelhardt J W, Rybskia D, Zschiegner S A, et al. Multifractality of river runoff and precipitation: Comparison of fluctuation analysis and wavelet methods ［J］. Physica A: Statistical Mechanics and its Applications, 2003, 330（1-2）: 240-245.

［56］Kasturirangan R. Multiple scales in small-world networks ［R］. 1999.

［57］Kerr R A. Study unveils climate cooling caused by pollutant haze ［J］. Science, 1995, 268（5212）: 802.

［58］Kijko A, Sellevoll M A. Triple-exponential distribution, a modified model for the occurrence of large earthquakes ［J］. Bulletin of the Seismological Society of America, 1981, 71（6）: 2091-2101.

［59］Kimiagar S, Movahed M S, Khorram S, et al. Fractal analysis of discharge current fluctuations ［J］. Journal of Statistical Mechanics Theory & Experiment, 2009（3）: 105-116.

［60］Kleinberg J M. Navigation in a small world ［J］. Nature, 2000, 406（6798）: 845-849.

［61］Klemm O, Lange H. Trends of air pollution in the Fichtelgebirge Mountains, Bavaria ［J］. Environmental Science and Pollution Research, 1999, 6（4）: 193-199.

［62］Koscielny-Bunde E, Kantelhardt J W, Braun P, et al. Long-term persistence and multifractality of river run off records: Detrend fluctuation studies ［J］. Journal of Hydrology, 2006, 322（1-4）: 120-137.

［63］Kravchenko A N, Bullock D G, Boast C W. Joint multifractal analysis of crop yield and terrain slope ［J］. Agronomy Journal, 2000, 92（6）: 1279-1290.

［64］Kwapien J, Oswiecimka P, Drozdz S. Components of multifractality in high-frequency stock returns ［J］. Physica A: Statistical Mechanics & Its Applications, 2005, 350 (2-4): 466-474.

[65] Lacasa L, Luque B, Ballesteros F. From time series to complex networks: The visibility graph [J]. PNAS, 2008, 105 (13): 4972-4975.

[66] Lacasa L, Luque B, Luque J, et al. The Visibility graph: A new method for estimating the Hurst exponent of fractional Brownian motion [J]. Europhysics Letters, 2009, 86 (3): 30001-30005.

[67] Laherrère J, Sornette D. Stretched exponential distributions in nature and economy: "Fat Tails" with characteristic scales [J]. The European Physical Journal B, 1998, 2 (4): 525-539.

[68] Lee C K, Ho D S, Yu C C, et al. Fractal analysis of temporal variation of air pollutant concentration by box counting [J]. Environmental Modelling & Software, 2003, 18 (3): 243-251.

[69] Lee C K, Juang L C, Wang C C, et al. Scaling characteristics in ozone concentration time series (OCTS) [J]. Chemosphere, 2006, 62 (6): 934-946.

[70] Lee C K. Multifractal characteristics in air pollutant concentration time series [J]. Water, Air & Soil Pollution, 2002, 135 (1): 389-409.

[71] Li J, Chen Y, Mi H. $1/f^{\beta}$, temporal fluctuation: Detecting scale-invariance properties of seismic activity in North China [J]. Chaos, Solitons & Fractals, 2002, 14 (9): 1487-1494.

[72] Li J, Tang H. Model for predicting the acidity of precipitation in China [J]. China Environmental Science, 1998, 18 (1): 8-11.

[73] Liljeros F, Edling C R, Amaral L A, et al. The web of human sexual contacts [J]. Nature, 2001, 411 (6840): 907-908.

[74] Lim G, Kim S Y, Kim J, et al. Structure of a financial cross-correlation matrix under attack [J]. Physica A: Statistical Mechanics & Its Applications, 2009,

388（18）：3851-3858.

[75] Lim G, Kim S Y, Lee H, et al. Multifractal detrended fluctuation analysis of derivative and spot markets [J]. Physica A：Statistical Mechanics & Its Applications, 2007, 386（1）：259-266.

[76] Lippiello E, De A L, Godano C. Influence of time and space correlations on earthquake magnitude [J]. Physical Review Letters, 2008, 100（3）：038501.

[77] Liu C, Zhou W X, Yuan W K. Statistical properties of visibility graph of energy dissipation rates in three-dimensional fully developed turbulence [J]. Physica A：Statistical Mechanics & Its Applications, 2009, 389（13）：2675-2681.

[78] Liu Z, Wang L, Zhu H. A time-scaling property of air pollution indices：A case study of Shanghai, China [J]. Atmospheric Pollution Research, 2015, 6（5）：886-892.

[79] Lloyd E H, Hurst H E, Black R P, et al. Long-term storage：An experimental study [J]. Journal of the Royal Statistical Society, 1966, 129（4）：591-593.

[80] Long Yu. Visibility graph network analysis of gold price time series [J]. Physica A：Statistical Mechanics & Its Applications, 2013, 392（16）：3374-3384.

[81] Luo C, Zhou X J. A regional model study of the variations and distributions of ozone and its precursors on eastern asia and west pacific ocean region [J]. Journal of Meteorologica Research, 1994, 8（2）：195-202.

[82] Luque B, Lacasa L, Ballesteros F, et al. Horizontal visibility graphs：Exact results for random time series [J]. Physical Review E, 2009, 80（4）：046103.

[83] Majumdar S N, Nadal C, Scardicchio A, et al. Index distribution of gaussian random matrices [J]. Physical Review Letters, 2009, 103（22）：220603.

［84］ Malm W C, Sisler J F, Huffman D, et al. Spatial and seasonal trends in particle concentration and optical extinction in the United States ［J］. Journal of Geophysical Research Atmospheres, 1994, 99 (D1): 1347-1370.

［85］ Malm W C. Characteristics and origins of haze in the continental United States ［J］. Earth-Science Reviews, 1992, 33 (1): 1-36.

［86］ Mandelbrot B B. The fractal geometry of nature ［M］. New York: W. H. Freeman Company, 1982.

［87］ Marwan N, Dongesa J F, Zou Y, et al. Complex network approach for recurrence analysis of time series ［J］. Physics Letters A, 2009, 373 (46): 4246-4254.

［88］ Matia K, Ashkenazy Y, Stanley H E. Multifractal properties of price fluctuations of stocks and commodities ［J］. Europhysics Letters, 2003, 61 (3): 422-437.

［89］ Mcmillan N, Bortnick S M, Irwin M E, et al. A hierarchical Bayesian model to estimate and forecast ozone through space and time ［J］. Atmospheric Environment, 2005, 39 (8): 1373-1382.

［90］ Meneveau C, Sreenivasan K R, Kailasnath P, et al. Joint multifractal measures: Theory and applications to turbulence ［J］. Physical Review A, 1990, 41 (2): 894-913.

［91］ Milgram S. The small world problem ［J］. Psychology Today, 1967, 2 (1): 185-195.

［92］ Mintz R, Young B R, Svrcek W Y. Fuzzy logic modeling of surface ozone concentrations ［J］. Computers & Chemical Engineering, 2005, 29 (10): 2049-2059.

［93］ Montanari A, Taqqu M S, Teverovsky V. Estimating long-range dependence in the presence of periodicity: An empirical study [M]. Amsterdam: Elsevier Science Publishers B. V. , 1999.

[94] Muzy J F, Bacry E, Arneodo A. Wavelets and multifractal formalism for singular signals: Application to turbulence data [J]. Physical Review Letters, 1991, 67 (25): 3515-3518.

[95] Muñoz Diosdado A, Gálvez Coyt G, Balderas López J A, et al. Multifractal analysis of air pollutants time series [J]. Revista Mexicana De Física, 2013, 59 (1): 7-13.

[96] Newman M E J, Watts D J. Renormalization group analysis of the small-world network model [J]. Physics Letters A, 1999a, 263 (4-6): 341-346.

[97] Newman M E J. Mixing patterns in networks [J]. Physical Review E, 2003 (2): 026126.

[98] Newman M E J. Models of the small world [J]. Journal of Statistical Physics, 2000, 101 (3): 819-841.

[99] Newman M E, Watts D J. Scaling and percolation in the small-world network model [J]. Physical Review E, 1999b, 60 (6): 7332-7342.

[100] Newman M E. Assortative mixing in networks [J]. Physical Review Letters, 2002, 89 (20): 111-118.

[101] Newman M E. Mixing patterns in networks [J]. Physical Review E, 2003, 67 (2): 241-251.

[102] Niu M R, Liang Q F, Yu G S, et al. Multifractal analysis of pressure fluctuation signals in an impinging entrained-flow gasifier [J]. Chemical Engineering, 2007, 47 (4): 642-648.

[103] Ni X H, Jiang Z Q, Zhou W X. Degree distributions of the visibility graphs mapped from fractional Brownian motions and multifractal random walks

[J]. Physics Letters A, 2008, 373 (42): 3822-3826.

[104] Nonnenmacher T F, Losa G A, Weibel E R. Fractals in biology and medicine [M]. Boston: Birkhäuser, 2013.

[105] Oświęcimka P, Kwapień J, Droidi S. Wavelet versus detrended fluctuation analysis of multifractual structures [J]. Physical Review E, 2006 (74): 16-103.

[106] Ossadnik S M, Buldyrev S V, Goldberger A L, et al. Correlation approach to identify coding regions in DNA sequences [J]. Biophysical Journal, 1994, 67 (1): 64-70.

[107] Ozik J, Hunt B R, Ott E. Growing networks with geographical attachment preference: Emergence of small worlds [J]. Physical Review E, 2004, 69 (2): 026108.

[108] Pandis S N, Harley R A, Cass G R, et al. Secondary organic aerosol formation and transport [J]. Atmospheric Environment, 1992, 26 (13): 2269-2282.

[109] Pastor-Satorras R, Vázquez A, Vespignani A. Dynamical and correlation properties of the internet [J]. Physical Review Letters, 2001, 87 (25): 258701.

[110] Pedria P, Jafari G R, Lisa M. The stochastic view and fractality in color space [J]. International Journal of Modern Physics C, 2011, 19 (6): 855-866.

[111] Peitgen H O, Jürgens H, Saupe D. Fractals for the classroom: Part two: Complex systems and mandelbrot set [M]. Berlin: Springer-Verlag, 1992.

[112] Peng C K, Buldyrev S V, Goldberger A L, et al. Finite-size effects on long-range correlations: Implications for analyzing DNA sequences [J]. Physical Review E, 1993, 47 (5): 3730.

[113] Peng C K, Buldyrev S V, Havlin S, et al. Mosaic organization of DNA nucleotides [J]. Physical Review E, 1994, 49 (2): 1685-1689.

[114] Peng C K, Havlin S, Stanley H E, et al. Quantification of scaling expo-

nents and crossover phenomena in nonstationary heartbeat time series [J]. Chaos, 1995, 5 (1): 82-87.

[115] Plerou V, Gopikrishnan P, Rosenow B, et al. Random matrix approach to cross correlations in financial data [J]. Physical Review E, 2002, 65 (2): 066126.

[116] Plerou V, Gopikrishnan P, Rosenow B, et al. Universal and non-universal properties of cross-correlations in financial time series [J]. Physical Review Letters, 1999, 83 (7): 1471-1474.

[117] Podobnik B, Horvatic D, Petersen A M, et al. Cross-correlations between volume change and price change [J]. PNAS, 2009, 106 (52): 22079-22084.

[118] Podobnik B, Stanley H E. Detrended cross-correlation analysis: A new method for analyzing two non-stationary time series [J]. Physical Review Letters, 2007, 100 (8): 084102.

[119] Podobnik B, Wang D, Horvatic D, et al. Time-lag cross-correlations in collective phenomena [J]. Europhysics Letters, 2010, 90 (6): 1632-1652.

[120] Price D D S. A general theory of bibliometric and other cumulative advantage processes [J]. Journal of the Association for Information Science and Technology, 1976, 27 (5): 292-306.

[121] Price D J. Networks of scientific papers [J]. Science, 1965, 149 (3683): 510-515.

[122] Qian M C, Jiang Z Q, Zhou W X. Universal and nonuniversal allometric scaling behaviors in the visibility graphs of world stock market indices [J]. Journal of Physics A: Mathematical & Theoretical, 2009, 43 (33): 161-165.

[123] Qian Y, Wang B, Xue Y, et al. A simulation of the cascading failure of a

complex network model by considering the characteristics of road traffic conditions [J]. Nonlinear Dynamics, 2015, 80 (1-2): 413-420.

[124] Quinn P K, Bates T S. North American, Asian, and Indian haze similar regional impacts on climate [J]. Geophysical Research Letters, 2003, 30 (11): 1555-1559.

[125] Raga G B, Le M L. On the nature of air pollution dynamics in Mexico City—I. Nonlinear analysis [J]. Atmospheric Environment, 1996, 30 (23): 3987-3993.

[126] Rajan K, Abbott L F. Eigenvalue spectra of random matrices for neural networks [J]. Physical Review Letters, 2006, 97 (18): 188104.

[127] Sachweh M, Koepke P. Radiation fog and urban climate [J]. Geophysical Research Letters, 1995, 22 (9): 1073-1076.

[128] Schmitt F, Schertzer D, Lovejoy S, et al. Multifractal temperature and flux of temperature variance in fully developed turbulence [J]. Europhysics Letters, 2007, 34 (3): 195-230.

[129] Sen P, Dasgupta S, Chatterjee A, et al. Small-world properties of the Indian railway network [J]. Physical Review E, 2003, 67 (3): 036106.

[130] Shadkhoo S, Jafari G R. Multifractal detrended cross-correlation analysis of temporal and spatial seismic data [J]. The European Physical Journal B, 2009, 72 (4): 679-683.

[131] Shang M, Lu L, Zhang Y C, et al. Empirical analysis of web-based user-object bipartite networks [J]. Europhysics Letters, 2009, 90 (4): 1303-1324.

[132] Shao Z G. Network analysis of human heartbeat dynamics [J]. Applied Physics Letters, 2010, 96 (7): 073703.

[133] Shen C H, Huang Y, Yan Y N. An analysis of multifractal characteristics

of API time series in Nanjing, China [J]. Physical A: Statistical Mechanics & Its Applications, 2016 (451): 171-179.

[134] Shen C H, Li C L, Si Y L. A detrended cross-correlation analysis of meteorological and API data in Nanjing, China [J]. Physica A: Statistical Mechanics & Its Applications, 2015 (419): 417-428.

[135] Shi K, Liu C Q, Ai N S, et al. Using three methods to investigate time scaling properties in air pollution indexes time series [J]. Nonlinear Analysis: Real World Applications, 2008, 9 (2): 693-707.

[136] Shi K, Liu C Q, Huang Y. Multifractal processes and self-organized criticality of PM2.5 during a typical haze period in Chengdu, China [J]. Aerosol and Air Quality Research, 2015, 15 (3): 926-934

[137] Shi K, Liu C Q, Su Y, et al. The temporal variation of PM10 pollution indexes: fractal and multifractal aspects [J]. IEEE, 2010 (7): 18-20.

[138] Shi K, Li W, Liu C Q, et al. Multifractal fluctuations of Jiuzhaigou tourist before and Wenchuan earthquake [J]. Fractals, 2013, 21 (1): 50001.

[139] Shi K. Detrended cross – correlation analysis of temperature, rainfall, PM10, and ambient dioxins in Hong Kong [J]. Atmospheric Environment, 2014, 97 (1): 130-135.

[140] Shi K., Liu C Q, Ai N S. Monofractal and multifractal approaches in investigating temporal variation of air pollution indexes [J]. Fractals, 2011, 17 (4): 1339-1350.

[141] Shimizu Y, Thurner S, Ehrenberger K. Multifractal spectra as a measure of complexity in human posture [J]. Fractals, 2002, 10 (1): 103-116.

[142] Sun L N, Liu Z H, Wang J Y, et al. The evolving concept of air pollution: A small-world network or scale-free network? [J]. Atmospheric Science Let-

ters, 2016, 17 (5): 308-314.

[143] Sun X, Small M, Zhao Y, et al. Characterizing system dynamics with a weighted and directed network constructed from time series data [J]. Chaos, 2014, 24 (2): 024402.

[144] Tang J, Wang Y, Liu F. Characterizing traffic time series based on complex network theory [J]. Physica A: Statistical Mechanics & Its Applications, 2013, 392 (18): 4192-4201.

[145] Tang Q, Liu J, Liu H. Comparison of different daily atreamflow series in US and China, under a viewpoint of complex networks [J]. Modern Physics Letters B, 2011, 24 (14): 1541-1547.

[146] Taqqu M S, Teverovsky V, Willinger W. Is network traffic self-similar or multifractal? [J]. Fractals, 2011, 5 (1): 63-73.

[147] Telesca L, Colangelo G, Lapenna V, et al. Fluctuation dynamics in geo-electrical data: An investigation by using multifractal detrended fluctuation analysis [J]. Physics Letters A, 2004, 332 (5-6): 398-404.

[148] Telesca L, Lapenna V. Measuring multifractality in seismic sequences [J]. Tectonophysics, 2006, 423 (1-4): 115-123.

[149] Telesca L, Lovallo M, Jorge O P. Visibility graph approach to the analysis of ocean tidal records [J]. Chaos, Aolitons & Fractals, 2012, 45 (9-10): 1086-1091.

[150] Telesca L, Lovallo M, Toth L. Visibility graph analysis of 2002-2011 Pannonian seismicity [J]. Physica A: Statistical Mechanics & Its Applications, 2014, 416 (C): 219-224.

[151] Telesca L, Lovallo M. Analysis of seismic sequences by using the method of visibility graph [J]. Europhysics Letters, 2012, 97 (5): 50002.

［152］Telesca L, Macchiato M. Time-scaling properties of the Umbria-Marche 1997-1998 seismic crisis, investigated by the detrended fluctuation analysis of inter-event time series ［J］. Chaos, Solitons & Fractals, 2004, 19 (2): 377-385.

［153］Tong Y Q, Yin Y, Qian L, et al. Analysis of the characteristics of hazy phenomena in Nanjing area ［J］. Zhongguo Huanjing Kexue / China Environmental Science, 2007, 27 (5): 584-588.

［154］Tsien H S, Adamson T C, Knuth E L. Automatic navigation of a long range rocket vehicle ［J］. ARS Journal, 2012, 22 (4): 679-695.

［155］Tumminello M, Aste T, Di M T, et al. A tool for filtering information in complex systems ［J］. PNAS, 2005, 102 (30): 10421-10426.

［156］Vahabi M, Jafari G R. Investigation of privatization by level crossing approach ［J］. Physica A: Statistical Mechanics & Its Applications, 2009, 388 (18): 3859-3865.

［157］Vandewalle N, Ausloos M. Multi-affine analysis of typical currency exchange rates ［J］. The European Physical Journal B, 1998, 4 (2): 257-261.

［158］Viotti P, Liuti G, Genova P D. Atmospheric urban pollution: applications of an artificial neural network (ANN) to the city of Perugia ［J］. Ecological Modelling, 2002, 148 (1): 27-46.

［159］Wang N, Li D, Wang Q. Visibility graph analysis on quarterly macroeconomic series of China based on complex network theory ［J］. Physica A: Statistical Mechanics & Its Applications, 2012, 391 (24): 6543-6555.

［160］Wang Q Z, Zhu Y, Yang L. Coupling detrended fluctuation analysis of Asian stock markets ［J］. Physica A: Statistical Mechanics & Its Applications, 2017 (471): 337-350.

［161］Wang W X, Wang B H, Hu B, et al. General dynamics of topology and traffic on weighted technological networks [J]. Physical Review Letters, 2005, 94 (18): 188702.

[162] Watson J G, Cooper J A, Huntzicker J J. The effective variance weighting for least squares calculations applied to the mass balance receptor model [J]. Atmospheric Environment, 1984, 18 (7): 1347-1355.

[163] Watts D J, Strogatz S H. Collective dynamics of "small-world" networks [J]. Nature, 1998 (393): 440-442.

[164] Windsor H L, Toumi R. Scaling and persistence of UK pollution [J]. Atmospheric Environment, 2001, 35 (35): 4545-4556.

[165] Xiang R, Zhang J, Xu X K, et al. Multiscale characterization of recurrence-based phase space networks constructed from time series [J]. Chaos, 2012, 22 (1): 013107.

[166] Xu N, Shang P, Kamae S. Modeling traffic flow correlation using DFA and DCCA [J]. Nonlinear Dynamics, 2010, 61 (1-2): 207-216.

[167] Xu X K, Zhang J, Michael S. Superfamily phenomena and motifos of networks induced from time series [J]. PNAS, 2008, 105 (50): 19601-19605.

[168] Yamasaki K, Gozolchiani A, Havlin S. Climate networks around the globe are significantly affected by El Niño [J]. Physical Review Letters, 2008, 100 (22): 228501.

[169] Yang Y, Wang J B, Yang H J, et al. Visibility graph approach to exchange rate series [J]. Physica A: Statistical Mechanics & Its Applications, 2009, 388 (20): 4431-4437.

[170] Yang Y, Yang H. Complex network-based time series analysis [J]. Physica A: Statistical Mechanics & Its Applications, 2008, 387 (5-6): 1381-1386.

[171] Yao C Z, Lin J N, Zheng X Z. Coupling detrended fluctuation analysis for

multiple warehouse－out behavioral sequences ［J］. Physica A：Statistical Mechanics & Its Applications, 2017 (465)：75-90.

［172］Zebende G F, Silva P A D, Filho A M. Study of cross－correlation in a self-affine time series of taxi accidents ［J］. Physica A：Statistical Mechanics & Its Applications, 2011, 390 (9)：1677-1683.

［173］Zeleke T B, Si B C. Scaling properties of topographic indices and crop yield：multifractal and joint multifractal approaches ［J］. Agronomy Journal, 2004, 96 (4)：1082-1090.

［174］Zhang C, Ni Z, Ni L. Multifractal detrended cross－correlation analysis between PM2. 5 and meteorological factors ［J］. Physica A：Statistical Mechanics & Its Applications, 2015 (438)：114-123.

［175］Zhang J, Luo X, Nakamura T, et al. Detecting temporal and spatial correlations in pseudoperiodic time series ［J］. Physical Review E, 2007, 75 (2)：016218.

［176］Zhang J, Luo X, Small M. Detecting chaos in pseudoperiodic time series without embedding ［J］. Physical Reviewe, 2006, 73 (1)：016216.

［177］Zhang J, Small M. Complex network from pseudoperiodic time serices：Topology versus dynamics ［J］. Physical Review Letters, 2006, 96 (23)：238701.

［178］Zhang J, Sun J F, Lou X D, et al. Characterizing pseudoperiodic time series through the complex network approach ［J］. Physica D：Nonlinear Phenomena, 2008, 237 (22)：2856-2865.

［179］Zhao D, Li X. Comment on "Network analysis of human heartbeat dynamics" ［J］. Applied Physics Letters, 2010, 96 (26)：266101.

［180］Zhao H, Gao Z Y. Modular effects on epidemic dynamics in small－world networks ［J］. Europhysics Letters, 2007, 79 (3)：417-429.

［181］Zhao X, Shang P, Lin A, et al. Multifractal fourier detrended cross-correlation analysis of traffic signals ［J］. Physica A: Statistical Mechanics & Its Applications, 2011, 390 (21-22): 3670-3678.

［182］Zhen M, Zhang J, Yang G, et al. Characteristics of commercial bank branch networks based on complex networks theory: A case study on Bank of China in Beijing ［J］. Progress in Geography, 2013, 32 (12): 1732-1741.

［183］Zhou T T, Jin N D, Gao Z K. Limited penetrable visibility graph for establishing complex network from time series ［J］. Acta Physica Sinica, 2012, 61 (3): 355-367.

［184］Zhou T, Wang B H, Hui P M, et al. Integer networks ［J］. Physics A: Statistical Mechanics & Its Application, 2004, 367: 613-618.

［185］Zhou W X. Multifractal detrended cross-correlation analysis for two nonstationary signals ［J］. Physical Review E, 2008, 77 (6): 066211.

［186］Zhuang E Y, Small M, Feng G. Time series analysis of the developed financial markets' integration using visibility graphs ［J］. Physica A: Statistical Mechanics & Its Applications, 2014 (410): 483-495.

［187］Zhu B, Su J F, Han Z W, et al. Analysis of a serious air pollution event resulting from crop residue burning over Nanjing and surrounding regions ［J］. China Environmental Science, 2010, 30 (5): 585-592.

［188］Zhu J, Liu Z. Long-range persistence of acid deposition ［J］. Atmospheric Environment, 2003, 37 (19): 2605-2613.

［189］白建辉, 王庚辰. 黑碳气溶胶研究新进展 ［J］. 科学技术与工程, 2005 (9): 585-591.

［190］曹进. 空气 SO_2 和 NOx 污染及灰色动态预测 ［J］. 环境与健康杂志, 2002, 19 (3): 202-203.

[191] 陈予恕．非线性动力学中现代分析方法 [M]．北京：科学出版社，1992.

[192] 董连科．分形理论及其应用 [M]．沈阳：辽宁科学技术出版社，1991.

[193] 段江海．混沌、随机共振在信号检测与信息处理中的应用 [D]．南京：东南大学博士学位论文，2004.

[194] 段菁春，毕新惠，谭吉华，等，广州灰霾期大气颗粒物中多环芳烃粒径的分布 [J]．中国环境科学，2006（1）：6-10.

[195] 郭朝先．2060 年碳中和引致中国经济系统根本性变革 [J]．北京工业大学学报（社会科学版），2021（5）：64-77.

[196] 贺克斌．大气颗粒物与区域复合污染 [M]．北京：科学出版社，2011.

[197] 胡天玉，杨显宇，谢巨伦．雷州半岛霾的初步分析与预报 [J]．广东气象，2005（1）：21-22.

[198] 黄海，谢洪波，王志忠，等．基于 DFA 的心动过速与心室纤颤识别 [J]．北京生物医学工程，2006（1）：39-42.

[199] 黄毅，刘春琼，史凯，等．灰霾消散前后 PM10 浓度大幅波动的多重分形分析 [J]．环境科学与技术，2016（1）：140-146.

[200] 黄毅，蒙迅，吴生虎，等．张家界市一次旅游高峰期前后 PM2.5 污染演化的动力特征分析 [J]．南通大学学报（自然科学版），2015（1）：43-49.

[201] 黄正文，吴生虎，史凯．成都市典型重度灰霾期间 NO_2 演化长期持续性特征的空间稳定性 [J]．成都大学学报（自然科学版），2014（2）：178-181.

[202] 纪飞，秦瑜．对流层臭氧研究进展 [J]．气象科技，1998（4）：17-24.

[203] 李后强．分形与分维 [M]．成都：四川教育出版社，1990.

[204] 李思川，史凯，刘春琼，等．夏季 NO_2 与 O_3 相互作用的时间尺度特征：以香港地区为例 [J]．环境化学，2015（2）：299-307.

[205] 李希灿，程汝光，李克志．空气环境质量模糊综合评价及趋势灰色预测 [J]．系统工程理论与实践，2003（4）：124-129.

[206] 刘罡，李昕，胡非，等．大气污染物浓度变化的非线性特征分析 [J]．气候与环境研究，2001（3）：328-336.

[207] 刘强，方锦清，李永，等．探索小世界特性产生的一种新方法 [J]．复杂系统与复杂性科学，2005（2）：13-19.

[208] 刘式达，刘式适．非线性动力学和复杂现象 [M]．北京：气象出版社，1989.

[209] 罗金芳．几种常见视障碍类天气现象的辨析及观测要点 [J]．湖北气象，2004（2）：31-33.

[210] 孟燕军，赵习方，王淑英，等．北京地区高速公路能见度气候特征 [J]．气象科技，2001（4）：27-32.

[211] 齐习文．基于分形理论的径流时间序列特性研究 [D]．武汉：华中科技大学硕士学位论文，2012.

[212] 乔中霞，何红弟，杨斌，等．香港港口近地面 O_3 与氮氧化物浓度变化的多重分形特征 [J]．环境科学研究，2017（1）：121-129.

[213] 秦廷双，何红弟．港口 NO_2、PM10 与天气因素的多重分形研究 [J]．环境科学研究，2017（2）：104-110.

[214] 史凯．成都市一次重度灰霾期间大气 PM2.5 的自组织临界特性 [J]．环境科学学报，2014，34（10）：2645-2653.

[215] 史凯，刘春琼，吴生虎．基于 DCCA 方法的成都市市区与周边城镇大气污染长程相关性分析 [J]．长江流域资源与环境，2014（11）：1633-1640.

[216] 唐孝炎，张远航，邵敏．大气环境化学（第二版）[M]．北京：高

等教育出版社，2006.

[217] 汪小帆，李翔，陈关荣．复杂网络理论及其应用［M］．北京：清华大学出版社，2006.

[218] 王东生，曹磊．混沌、分形及其应用［M］．北京：中国科学技术出版社，1995.

[219] 王明星．大气化学（第二版）［M］．北京：气象出版社，1999.

[220] 魏诺．非线性科学基础与应用［M］．北京：科学出版社，2004.

[221] 吴兑．再论相对湿度对区别都市霾与雾（轻雾）的意义［J］．广东气象，2006（1）：9-13.

[222] 吴生虎，史凯，刘春琼，等．成都市典型灰霾消散前后 PM2.5 演化的长期持续性特征［J］．环境科学与技术，2014（10）：9-14.

[223] 吴生虎，史凯，谢志辉，等．典型灰霾期间城市大气 PM2.5 演化的标度行为实证研究［J］．环境科学与技术，2016（2）：43-50.

[224] 谢志辉，刘春琼，史凯．成都市 PM10 对大气辐射环境的影响［J］．环境科学研究，2016（7）：972-977.

[225] 徐祥德，周丽，周秀骥，等．城市环境大气重污染过程周边源影响域［J］．中国科学（D 辑：地球科学），2004（10）：958-966.

[226] 杨波，陈忠，段文奇．基于个体选择的小世界网络结构演化［J］．系统工程，2004（12）：1-5

[227] 杨学军，徐振强．智慧城市背景下推进智慧环保战略及其顶层设计路径的探讨［J］．城市发展研究，2014（6）：22-25.

[228] 余梓木，周红妹，郑有飞．基于遥感和 GIS 的城市颗粒物污染分布研究［J］．自然灾害学报，2004（3）：58-64.

[229] 展二扬，刘平．海绵城市理念在市政园林过程中应用［J］．建筑工程与管理，2023，5（11）：168-170.

［230］张斌，史凯．元谋干热河谷近 50 年分季节降水变化的 DFA 分析［J］．地球科学，2009（4）：561-566.

［231］张欢欢．基于复杂网络的非线性时间序列的统计特征［D］.哈尔滨：哈尔滨工业大学硕士学位论文，2011.

［232］张济忠．分形［M］.北京：清华大学出版社，2001.

［233］张丽娟，孟丽丽，禹东晖，等．洛阳市低能见度的特征分析［J］.河南气象，2003（3）：19.

［234］张孝德，梁洁．从伦敦到北京：中英雾霾治理的比较与反思［J］.人民论坛·学术前沿，2014（3）：51-63.

［235］周磊，龚志强，支蓉，等．基于复杂网络研究中国温度变化的区域特征［J］.物理学报，2009（10）：7351-7358.

［236］朱华，姬翠翠．分形理论及其应用［M］.北京：科学技术出版社，2011.

［237］朱彤．德国与美国当前能源转型进程比较分析［J］.国际石油经济，2016（5）：1-8.

［238］庄新田，黄小原．证券市场的标度理论及实证研究［J］.系统工程理论与实践，2003，23（3）：1-8.